BERT バート
実践入門

パイトーチ　グーグルコラボラトリー
PyTorch+Google Colaboratoryで学ぶ
あたらしい自然言語処理技術

我妻 幸長 | 著

はじめに

•

PyTorchと
Gooogle Colaboratoryを使い、
BERTの実装について
学んでいきましょう。

2023年6月吉日

我妻幸長

本書内容に関するお問い合わせについて

このたびは翔泳社の書籍をお買い上げいただき、誠にありがとうございます。
弊社では、読者の皆様からのお問い合わせに適切に対応させていただくため、以下のガイドラインへのご協力をお願い致しております。
下記項目をお読みいただき、手順に従ってお問い合わせください。

●ご質問される前に

弊社Webサイトの「正誤表」をご参照ください。これまでに判明した正誤や追加情報を掲載しています。

正誤表　https://www.shoeisha.co.jp/book/errata/

●ご質問方法

弊社Webサイトの「刊行物Q&A」をご利用ください。

刊行物 Q&A　https://www.shoeisha.co.jp/book/qa/

インターネットをご利用でない場合は、FAXまたは郵便にて、下記翔泳社愛読者サービスセンターまでお問い合わせください。電話でのご質問は、お受けしておりません。

●回答について

回答は、ご質問いただいた手段によってご返事申し上げます。ご質問の内容によっては、回答に数日ないしはそれ以上の期間を要する場合があります。

●ご質問に際してのご注意

本書の対象を越えるもの、記述個所を特定されないもの、また読者固有の環境に起因するご質問等にはお答えできませんので、予めご了承ください。

●郵便物送付先およびFAX番号

送付先住所　〒160-0006　東京都新宿区舟町5
FAX 番号　03-5362-3818
宛先　㈱翔泳社愛読者サービスセンター

※本書に記載されたURL等は予告なく変更される場合があります。
※本書の対象に関する詳細は004ページをご参照ください。
※本書の出版にあたっては正確な記述につとめましたが、著者や出版社などのいずれも、本書の内容に対してなんらかの保証をするものではなく、内容やサンプルに基づくいかなる運用結果に関してもいっさいの責任を負いません。
※本書に掲載されているサンプルプログラムやスクリプト、および実行結果を記した画面イメージなどは、特定の設定に基づいた環境にて再現される一例です。
※本書に記載されている会社名、製品名はそれぞれ各社の商標および登録商標です。
※本書の内容は、2023年3月執筆時点のものです。

本書のサンプルの動作環境とサンプルプログラムについて

本書の各章のサンプルは表1の環境で、問題なく動作することを確認しています(2023年3月時点)。

表1 サンプル動作環境

環境、言語	バージョン
OS	Windows 10/11[*1]
ブラウザ	Google Chrome（Windows）
実行環境	Google Colaboratory
Python	3.8 (2023年3月時点の Google Colaboratory上のバージョン)

※1 本文の画面ショットはWindows 10のものとなります。

ライブラリ	バージョン[*2]
datasets	2.10.1
dill	0.3.5.1
fugashi	1.2.1
ipadic	1.0.0
torch	2.0.1+cu118
nlp	0.4.0
numpy	1.22.4
matplotlib	3.7.1
scikit-learn	1.2.2
transformers	4.26.0

※2 2023年3月時点のGoogle Colaboratory上のバージョンです。ライブラリのバージョンアップにより出力結果が変わることがあります。あらかじめご了承ください。

付属データのご案内

付属データ（本書記載のサンプルコード）は、以下のサイトからダウンロードできます。

● **付属データのダウンロードサイト**
URL https://www.shoeisha.co.jp/book/download/9784798177816

注意

付属データに関する権利は著者および株式会社翔泳社が所有しています。許可なく配布したり、Webサイトに転載したりすることはできません。

付属データの提供は予告なく終了することがあります。あらかじめご了承ください。

会員特典データのご案内

会員特典データは、以下のサイトからダウンロードして入手いただけます。

● **会員特典データのダウンロードサイト**
URL https://www.shoeisha.co.jp/book/present/9784798177816

注意

会員特典データをダウンロードするには、SHOEISHA iD（翔泳社が運営する無料の会員制度）への会員登録が必要です。詳しくは、Webサイトをご覧ください。

会員特典データに関する権利は著者および株式会社翔泳社が所有しています。許可なく配布したり、Webサイトに転載したりすることはできません。

会員特典データの提供は予告なく終了することがあります。あらかじめご了承ください。

免責事項

付属データおよび会員特典データの記載内容は、2023年3月現在の法令等に基づいています。

付属データおよび会員特典データに記載されたURL等は予告なく変更される場合があります。

付属データおよび会員特典データの提供にあたっては正確な記述につとめましたが、著者や出版社などのいずれも、その内容に対してなんらかの保証をするものではなく、内容やサンプルに基づくいかなる運用結果に関してもいっさいの責任を負いません。

付属データおよび会員特典データに記載されている会社名、製品名はそれぞれ各社の商標および登録商標です。

著作権等について

付属データおよび会員特典データの著作権は、著者および株式会社翔泳社が所有しています。個人で使用する以外に利用することはできません。許可なくネットワークを通じて配布を行うこともできません。個人的に使用する場合は、ソースコードの改変や流用は自由です。商用利用に関しては、株式会社翔泳社へご一報ください。

2023年3月
株式会社翔泳社　編集部

CONTENTS

はじめに ii

本書のサンプルの動作環境と
サンプルプログラムについて v

CHAPTER 0 イントロダクション 001

0.1 本書の特徴 002
0.1.1 Pythonの基礎を学ぶ 002
0.1.2 本書の構成 003
0.1.3 本書でできるようになること 003
0.1.4 本書の注意点 004
0.1.5 本書の対象 004
0.1.6 本書の使い方 004

CHAPTER 1 BERTの概要 007

1.1 深層学習とは 008
1.1.1 人工知能と機械学習、そして深層学習 008
1.1.2 ニューラルネットワークの構造 009
1.1.3 深層学習 010
1.2 自然言語処理の概要 012
1.2.1 自然言語処理とは? 012
1.2.2 自然言語処理の応用 012
1.2.3 形態素解析 013
1.2.4 単語のベクトル化 014
1.2.5 RNN（再帰型ニューラルネットワーク） 017
1.2.6 Seq2Seqによる系列の変換 020
1.2.7 自然言語処理をさらに学びたい方へ 021
1.3 Transformerの概要 022
1.3.1 Transformerとは? 022
1.3.2 Transformerの構造 023
1.4 BERTの概要 027

1.4.1 BERTとは? 027
1.4.2 BERTの学習の概要 027
1.4.3 BERTの事前学習 029
1.4.4 BERTの性能 030
1.5 Chapter1のまとめ 033

CHAPTER 2 開発環境 035

2.1 Google Colaboratoryの始め方 036
2.1.1 Google Colabortoryの下準備 036
2.1.2 ノートブックの使い方 037
2.1.3 ダウンロードしたファイルの扱い方 039
2.2 セッションとインスタンス 040
2.2.1 セッション、インスタンスとは? 040
2.2.2 90分ルール 041
2.2.3 12時間ルール 041
2.2.4 セッションの管理 042
2.3 CPUとGPU 043
2.3.1 CPU、GPU、TPUとは? 043
2.3.2 GPUの使い方 044
2.3.3 パフォーマンスの比較 045
2.4 Google Colaboratoryの様々な機能 048
2.4.1 テキストセル 048
2.4.2 スクラッチコードセル 049
2.4.3 コードスニペット 049
2.4.4 コードの実行履歴 050
2.4.5 GitHubとの連携 051
2.5 演習 053
2.5.1 コードセルの操作 053
2.5.2 テキストセルの操作 053
2.5.3 セルの位置変更と削除 054
2.6 Chapter2のまとめ 055

CHAPTER 3 PyTorchで実装する簡単な深層学習 057

3.1 実装の概要 058
3.1.1 「学習するパラメータ」と「ハイパーパラメータ」 058
3.1.2 順伝播と逆伝播 060
3.1.3 実装の手順 061
3.2 Tensor 062
3.2.1 パッケージの確認 062
3.2.2 Tensorの生成 063
3.2.3 NumPyの配列とTensorの相互変換 065
3.2.4 範囲を指定してTensorの一部にアクセス 066
3.2.5 Tensorの演算 067
3.2.6 Tensorの形状を変換 068
3.2.7 様々な統計値の計算 071
3.2.8 プチ演習：Tensor同士の演算 072
3.2.9 解答例 073
3.3 活性化関数 076
3.3.1 シグモイド関数 076
3.3.2 tanh 077
3.3.3 ReLU 078
3.3.4 恒等関数 079
3.3.5 ソフトマックス関数 080
3.4 損失関数 083
3.4.1 平均二乗誤差 083
3.4.2 交差エントロピー誤差 084
3.5 最適化アルゴリズム 086
3.5.1 勾配と勾配降下法 086
3.5.2 最適化アルゴリズムの概要 087
3.5.3 SGD 088
3.5.4 Momentum 088
3.5.5 AdaGrad 089
3.5.6 RMSProp 090
3.5.7 Adam 090
3.6 エポックとバッチ 092

3.6.1 エポックとバッチ 092
3.6.2 バッチ学習 093
3.6.3 オンライン学習 093
3.6.4 ミニバッチ学習 093
3.6.5 学習の例 094

3.7 シンプルな深層学習の実装 095
3.7.1 手書き文字画像の確認 095
3.7.2 データを訓練用とテスト用に分割 096
3.7.3 モデルの構築 097
3.7.4 学習 098
3.7.5 誤差の推移 100
3.7.6 正解率 101
3.7.7 訓練済みのモデルを使った予測 102

3.8 演習 104
3.8.1 データを訓練用とテスト用に分割 104
3.8.2 モデルの構築 105
3.8.3 学習 106
3.8.4 誤差の推移 107
3.8.5 正解率 107
3.8.6 解答例 108

3.9 Chapter3のまとめ 110

CHAPTER 4 シンプルなBERTの実装 111

4.1 Transformersの概要 112
4.1.1 Transformersとは? 112
4.1.2 Transformersを構成するクラス 112
4.1.3 BERTのモデル 113

4.2 Transformersの基礎 115
4.2.1 ライブラリのインストール 115
4.2.2 Transformersのモデル:文章の一部をMask 117
4.2.3 Transformersのモデル:文章の分類 121
4.2.4 PreTrainedModelの継承 125

4.2.5 BERTの設定 125
4.2.6 Tokenizer 126

4.3 シンプルなBERTの実装 128

4.3.1 ライブラリのインストール 128
4.3.2 欠損した単語の予測：BertForMaskedLM 130
4.3.3 文章が連続しているかどうかの判定：BertForNextSentencePrediction 134

4.4 演習 138

4.4.1 ライブラリのインストール 138
4.4.2 トークナイザーの読み込み 138
4.4.3 モデルの読み込み 138
4.4.4 連続性を判定する関数 139
4.4.5 連続性の判定 139
4.4.6 解答例 140

4.5 Chapter4のまとめ 141

CHAPTER 5 BERTの仕組み 143

5.1 BERTの全体像 144

5.1.1 BERTの学習 144
5.1.2 BERTのモデル 145
5.1.3 BERTの入力 146
5.1.4 BERTの学習 147
5.1.5 BERTの性能 148

5.2 TransformerとAttention 150

5.2.1 Transformerのモデルの概要 150
5.2.2 Attentionとは？ 151
5.2.3 InputとMemory 153
5.2.4 Attention weightの計算 154
5.2.5 Valueとの内積 155
5.2.6 Self-AttentionとSourceTarget-Attention 156
5.2.7 Multi-Head Attention 157

5.2.8 Positionwise fully connected feed-forward network 159
5.2.9 Positional Encoding 159
5.2.10 Attentionの可視化 160

5.3 BERTの構造 161
5.3.1 ライブラリのインストール 161
5.3.2 BERTモデルの構造 163
5.3.3 BERTの設定 167

5.4 演習 169
5.4.1 ライブラリのインストール 169
5.4.2 BertForMaskedLMの構造 169
5.4.3 BertForNextSentencePredictionの構造 170

5.5 Chapter5のまとめ 171

CHAPTER 6 ファインチューニングの活用 173

6.1 転移学習とファインチューニング 174
6.1.1 転移学習とは? 174
6.1.2 転移学習とファインチューニング 175

6.2 シンプルなファインチューニング 177
6.2.1 ライブラリのインストール 177
6.2.2 モデルの読み込み 179
6.2.3 最適化アルゴリズム 185
6.2.4 トークナイザーの設定 186
6.2.5 シンプルなファインチューニング 187

6.3 ファインチューニングによる感情分析 190
6.3.1 ライブラリのインストール 190
6.3.2 モデルとトークナイザーの読み込み 193
6.3.3 データセットの読み込み 194
6.3.4 データの前処理 198
6.3.5 評価用の関数 199
6.3.6 TrainingArgumentsの設定 200
6.3.7 Trainerの設定 201

6.3.8 モデルの訓練 202
6.3.9 モデルの評価 205

6.4 演習 206

6.4.1 ライブラリのインストール 206
6.4.2 モデルとトークナイザーの読み込み 206
6.4.3 層の凍結 206
6.4.4 データセットの読み込み 207
6.4.5 データの前処理 208
6.4.6 評価用の関数 208
6.4.7 TrainingArgumentsの設定 209
6.4.8 Trainerの設定 209
6.4.9 モデルの訓練 210
6.4.10 モデルの評価 210
6.4.11 解答例 210

6.5 Chapter6のまとめ 211

CHAPTER 7 BERTの活用 213

7.1 BERTの活用例 214

7.1.1 検索エンジン 214
7.1.2 翻訳 215
7.1.3 テキスト分類 215
7.1.4 テキスト要約 215
7.1.5 その他の活用例 217

7.2 BERTの日本語モデル 219

7.2.1 使用するモデルとデータセット 219
7.2.2 ライブラリのインストール 219
7.2.3 欠損した単語の予測 224
7.2.4 文章が連続しているかどうかの判定 228

7.3 BERTによる日本語ニュースの分類 231

7.3.1 使用するデータセット 231
7.3.2 Googleドライブに訓練データを配置 231
7.3.3 ライブラリのインストール 233

7.3.4 Googleドライブとの連携 238
7.3.5 データセットの読み込み 239
7.3.6 データの保存 240
7.3.7 モデルとトークナイザーの読み込み 241
7.3.8 データの前処理 243
7.3.9 評価用の関数 245
7.3.10 TrainingArgumentsの設定 246
7.3.11 Trainerの設定 246
7.3.12 モデルの訓練 247
7.3.13 モデルの評価 249
7.3.14 モデルの保存 250
7.3.15 モデルの読み込み 251
7.3.16 日本語ニュースの分類 253

7.4 Chapter7のまとめ 256

Appendix さらに学びたい方のために 257

AP1.1 さらに学びたい方のために 258
AP1.1.1 コミュニティ「自由研究室 AIRS-Lab」 258
AP1.1.2 著書 258
AP1.1.3 News! AIRS-Lab 260
AP1.1.4 YouTubeチャンネル「AI教室 AIRS-Lab」 260
AP1.1.5 オンライン講座 260
AP1.1.6 著者のTwitterアカウント 260
AP1.1.7 最後に 261

INDEX 262

著者プロフィール 265

Chapter 0 イントロダクション

深層学習（ディープラーニング）に基づく自然言語処理技術は、我々人類の文明をサポートする重要な技術になりつつあります。多くの国家、企業、もしくは個人がこの技術の動向を注視しており、実際に翻訳、文章生成、文章のグルーピングなどの様々な目的でこの技術は使われています。
本書では、このような自然言語処理技術の中でも特に注目を集めている「BERT」を扱います。BERTは2018年の後半にGoogleから発表された、自然言語処理のための新たなディープラーニングのモデルです。「Transformer」がベースとなっており、様々な自然言語処理タスクに合わせて調整可能な汎用性が魅力です。
本書では、このBERTを「PyTorch」と「Google Colaboratory」を使ってコンパクトに効率よく学びます。PyTorchは実装の簡潔さと柔軟性、速度に優れ、人気が急上昇中の機械学習用フレームワークです。Google Colaboratoryは環境設定が簡単で、本格的なコードや文章、数式を手軽に記述することができるPythonの実行環境です。これらを組み合わせることで、BERTを学ぶための障壁が大きく下がります。
このPyTorch+Google Colaboratory環境で、Attention、TransformerからBERTへとつながる自然言語技術を、本書では基礎から体験ベースで学びます。自然言語処理技術の実装を順を追って習得し、BERTの実装まで行います。本書を最後まで終えた方は、BERTを含む自然言語処理技術をとても馴染みのある技術に感じるようになるかと思います。
ディープラーニングを使った自然言語処理技術は、今の世界に大きな影響を与え続けています。様々な仕事をより効率的に、よりクリエイティブにする可能性を秘めた技術であり、どの分野の方であってもこの技術を習得することは無駄にはなりません。PyTorchとGoogle Colaboratoryをパートナーに、一緒に楽しくBERTを学んでいきましょう。

0.1 本書の特徴

本書の特徴を解説します。

本書の最大の特徴は、BERTを基礎から体験ベースで学べる点です。Attention、Transformer、BERTへとつながる自然言語処理技術を、わかりやすくコンパクトに解説します。

PyTorchや深層学習の概要、開発環境であるGoogle Colaboratoryの解説から本書は始まりますが、やがてAttention、Transformer、BERTの解説へつながっていきます。フレームワークPyTorchを使い、自然言語処理技術を無理なく着実に身につけることができます。各チャプターでコードとともにPyTorchの使い方を学び、プログラミング言語Pythonを使って深層学習を実装します。Python自体の解説はありませんので、Pythonをあらかじめ学習しておくとスムーズに読み進めることができるかと思います。

本書で用いる開発環境のGoogle Colaboratoryは、Googleのアカウントさえあれば誰でも簡単に使い始めることができます。環境構築の敷居が低いため、比較的スムーズにPyTorchと深層学習を学び始めることができます。また、GPUが無料で利用できるので、コードの実行時間を短縮することができます。

本書を読了した方は、様々な場面でBERTを活用したくなるのではないでしょうか。

0.1.1 Pythonの基礎を学ぶ

本書にはプログラミング言語Pythonの解説はありませんが、Pythonの基礎を学ぶためのGoogle Colaboratoryのノートブックを別途用意しました。以下のURLからダウンロードできますので、Pythonの基礎について学びたい方はぜひ参考にしてください。

- **yukinaga/bert_nlp**
  URL　https://github.com/yukinaga/bert_nlp/tree/main/python_basic

0.1.2 本書の構成

本書は**Chapter0**から**Chapter7**までで構成されています。

Chapter0では本書の概要を解説します。

Chapter1では自然言語処理の概要、及びTransformer、BERTの概要について解説します。最初にここで自然言語処理とBERTの全体像を把握していただきます。そして、次の**Chapter2**では、開発環境の準備を行います。Google Colaboratoryについて導入や使い方を基礎から解説します。

Chapter3では、使用する深層学習用フレームワーク、PyTorchの基礎について学びます。

Chapter4では、シンプルなBERTの実装について学びます。フレームワークPyTorchの基本的な使い方及び、BERT実装の一連の流れを学びます。

Chapter5では、BERTの仕組みについて学びます。ここでは、Attention、Transformerの仕組みと、そしてこれらをベースにしたBERTの仕組みについて詳しく解説します。

Chapter6では、ファインチューニングの活用について学びます。シンプルなファインチューニングを実践した上で、BERTのモデルをファインチューニングすることによる感情分析を実装します。ファインチューニングにより、様々な自然言語処理のタスクにBERTを活用できるようになります。

Chapter7では、BERTの活用について学びます。BERTの活用例を紹介し、BERTによる日本語ニュースの分類を行います。

いくつかのチャプターの最後には演習があります。ここで能動的にコードを書くことで、BERTと自然言語処理に関する理解がさらに深まるのではないでしょうか。

本書の内容は以上です。Google Colaboratory環境でPyTorchを使い、BERTを実装できるようになりましょう。

0.1.3 本書でできるようになること

本書を最後まで読んだ方は、以下が身につきます。

- PyTorchによるBERT実装のコードを読めるようになります。
- Google Colaboratory環境でBERTを実装できるようになります。
- BERTを含む自然言語処理全般の知識が身につきます。
- 自分で調べながら、BERTを活用したコードを実装する力が身につきます。

0.1.4　本書の注意点

本書を読み進めるに当たって、以下の点にご注意ください。

- BERT関連の知識を全て網羅する本ではありません。BERTの入門的な位置付けです。
- ライブラリTransformersを利用してBERTを実装します。ゼロからの実装はありません。
- 本書内にプログラミング言語Pythonの解説はありません。Pythonを学びたい方は、他の書籍などをお使いください。
- グラフ描画のためにライブラリmatplotlibを使用していますが、matplotlibのコードの解説はありません。
- Google Colaboratory及びGoogleドライブを使用するので、Googleアカウントが必要です。
- 機械学習、深層学習自体の解説は最低限になります。

0.1.5　本書の対象

本書の対象は以下のような方々です。

- 一歩進んだ自然言語処理技術を身につけたい方
- BERTの実装を効率よくコンパクトに学びたい方
- BERTの概要を実装を通して把握したい方
- 人工知能/機械学習に強い関心のある方
- 実務で自然言語処理を扱いたい企業の方
- 専門分野でBERTを応用したい研究者、エンジニアの方
- 有用な自然言語処理のモデルを探している方

0.1.6　本書の使い方

本書は一応読み進めるだけでも学習が進められるようにはなっていますが、できればPythonのコードを動かしながら読み進めるのが望ましいです。本書で使用しているコードはウェブサイトからダウンロード可能ですが、このコードをベースに、試行錯誤を繰り返してみることもお勧めです。実際に自分でコードを

カスタマイズしてみることで、実装への理解が進むとともに、深層学習自体に対するさらなる興味が湧いてくることかと思います。

開発環境としてGoogle Colaboratoryを使用しますが、使用方法については**Chapter2**で解説します。本書で使用するPythonのコードはノートブック形式のファイルとしてダウンロード可能です。このファイルをGoogleドライブにアップロードすれば、本書で解説するコードをご自身の手で実行することもできますし、チャプター末の演習に取り組むこともできます。

また、ノートブックファイルにはMarkdown記法で文章を、LaTeX形式で数式を書き込むことができます。可能な限り、ノートブック内で学習が完結するようにしています。

本書はどなたでも学べるように、少しずつ丁寧に解説することを心がけておりますが、一度の説明では理解できない難しい概念もあるかと思います。

そういう時は、決して焦らず、時間をかけて少しずつ理解することを心がけましょう。時には難しいコードもあるかと思いますが、理解が難しいと感じた際は、じっくりと該当箇所を読み込んだり、検索して調べたり、検証用のコードを書いたりして取り組んでみましょう。

AIの専門家だけに限らず、多くの方にとって自然言語処理技術を学ぶことは大きな意義のあることです。好奇心や探究心に任せて気軽にトライアンドエラーを繰り返し、試行錯誤ベースでBERTの扱い方を身につけていきましょう。

Chapter 1

BERTの概要

本チャプターは、本書で学習を開始するための導入的な内容を含みます。
自然言語処理について概要を解説した上で、Transformerの概要、及びBERTの概要を解説します。

1.1 深層学習とは

深層学習（ディープラーニング）の概要を解説します。多数の層からなるニューラルネットワークの学習は、深層学習と呼ばれ、工業、科学やアートなど幅広い分野での活用が始まっています。

1.1.1 人工知能と機械学習、そして深層学習

まず最初に、深層学習、機械学習、人工知能の概念を整理します。深層学習は機械学習の一手法で、機械学習は人工知能の一分野です（図1.1）。

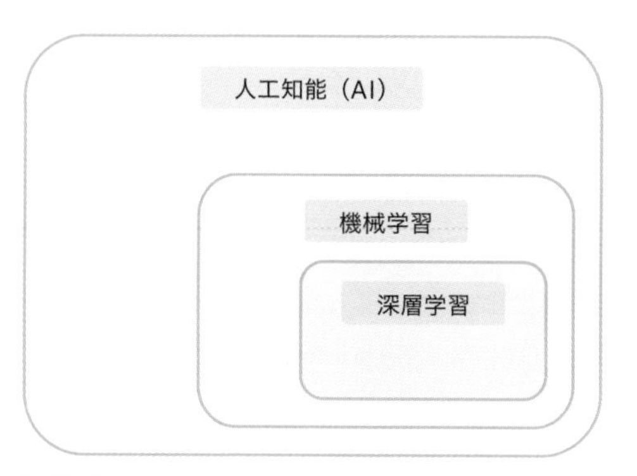

図1.1 人工知能、機械学習、深層学習

「人工知能」（AI）とは読んで字のごとく、人工的に作られた知能のことです。しかしながら、そもそも知能とは何なのでしょうか。知能の定義にはいろいろありますが、環境との相互作用による適応、物事の抽象化、他者とのコミュニケーションなど、様々な脳が持つ知的能力だと考えることができます。

そんな「知能」が脳を離れ、人工的なコンピュータ上で再現されようとしています。汎用性という点では、まだヒトをはじめとする動物の知能には遠く及びませんが、コンピュータの演算能力の指数関数的な向上を背景に、人工知能は目覚ましい発展を続けています。

既に、チェスや囲碁などのゲームや翻訳、医療用の画像解析など、一部の分野で人工知能が人間を凌駕し始めています。ヒトの脳のように極めて汎用性の高い知能を実現することはまだ難しいですが、人工知能は既にいくつかの分野で人間に取って代わる、あるいは人間を超える存在になりつつあります。

「機械学習」は、人工知能の分野の1つで、人間などの生物の学習能力に近い機能をコンピュータで再現しようとする技術です。機械学習の応用範囲は広く、例えば、検索エンジン、機械翻訳、文章分類、市場予測、作画や作曲などのアート、音声認識、医療、ロボット工学など多岐にわたります。

機械学習には様々な手法があり、応用分野の特性に応じて、機械学習の学習手法も適切に選択する必要がありますが、これまでに様々な手法が考案されています。近年、様々な分野で高い性能を発揮することで注目されている「深層学習」は、そうした機械学習の手法の1つで、本書で扱うBERTのベースになっています。

1.1.2 ニューラルネットワークの構造

図1.2 は、機械学習の一種「ニューラルネットワーク」のシンプルな例です。

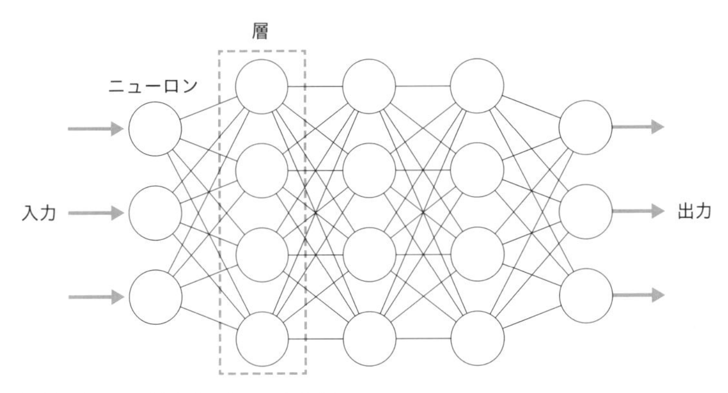

図1.2 ニューラルネットワークの例

図1.2 のニューラルネットワークの例では、「ニューロン」が層状に並んでいます。ニューロンは、前の層の全てのニューロンと、後ろの層の全てのニューロンと接続されています。

ニューラルネットワークには、複数の入力と複数の出力があります。数値を入力し、情報を伝播させ結果を出力します。出力は確率などの予測値として解釈可能で、ネットワークにより予測を行うことが可能です。

また、ニューロンや層の数を増やすことで、ニューラルネットワークは高い表現力を発揮するようになります。

以上のように、ニューラルネットワークはシンプルな機能しか持たないニューロンが層を形成し、層の間で接続が行われることにより形作られます。

1.1.3 深層学習

深層学習は、その名の通り多くの層を持つ深いニューラルネットワークを使った学習ですが、神経細胞のネットワークをモデルにしたニューラルネットワークをベースにしています。

多数の層からなるニューラルネットワークの学習は、深層学習（Deep learning、ディープラーニング）と呼ばれます。下図は、深層学習に使用される多層ニューラルネットワークの例です（図1.3）。

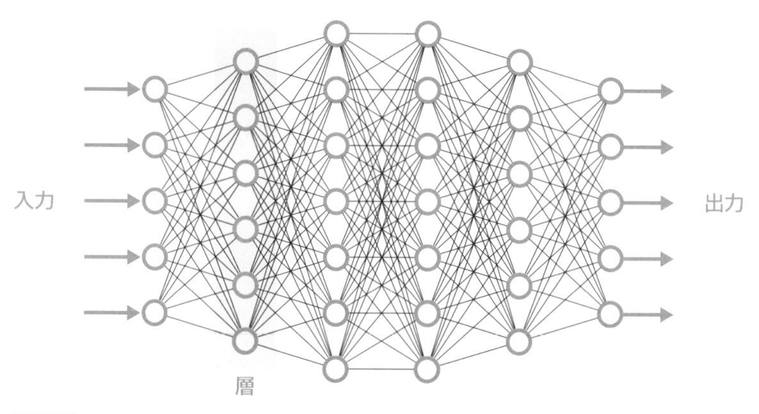

図1.3 多数の層からなるニューラルネットワーク

ニューラルネットワークは、出力と正解の誤差が小さくなるように内部の各パラメータを調整することで学習することができます（図1.4）。

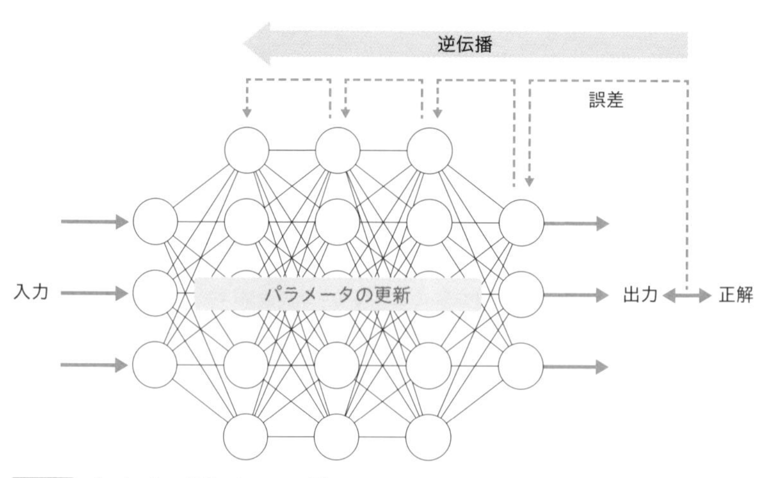

図1.4 バックプロパゲーションの例

1層ずつ遡るように誤差を伝播させて「勾配」を計算し、この勾配に基づきパラメータを更新しますが、このアルゴリズムは、バックプロパゲーション、もしくは誤差逆伝播法と呼ばれます。

バックプロパゲーションでは、ニューラルネットワークをデータが遡るようにして、ネットワークの各層のパラメータが調整されます。ニューラルネットワークの各パラメータが繰り返し調整されることでネットワークは次第に学習し、適切な予測が行われるようになります。

深層学習はヒトの知能に部分的に迫る、あるいは凌駕する高い性能をしばしば発揮することがあります。

なお、何層以上のケースを深層学習と呼ぶかについては、明確な定義はありません。層がいくつも重なったニューラルネットワークによる学習を、漠然と深層学習と呼ぶようです。基本的に、層の数が多くなるほどネットワークの表現力は向上するのですが、それに伴い学習は難しくなります。

深層学習は、他の手法に比べて圧倒的に精度が高いことが多く、適用範囲が狭ければ人間の能力を超えることさえあります。

また、深層学習はその汎用性の高さも特筆すべき点です。これまで人間にしかできなかった多くの分野で、部分的にではありますが、人間に取って代わりつつあります。深層学習は多くの可能性を秘めており、その成果は世の中に影響を与え続けています。今後、これまで想像もつかなかったような分野にも徐々に適用されていくことが予想されます。

本書では、このような深層学習をBERTの基礎として利用します。ただ、本書では深層学習自体について詳しいアルゴリズムの解説は行いません。詳しく知りたい方は、拙著『はじめてのディープラーニング -Pythonで学ぶニューラルネットワークとバックプロパゲーション-』(SBクリエイティブ社) などをぜひ参考にしてください。

1.2 自然言語処理の概要

この節では、「自然言語処理」の概要について解説します。
まずは、BERTが主に活躍する分野である自然言語処理の全体像を把握しましょう。

1.2.1 自然言語処理とは?

自然言語処理（Natural Language Processing、NLP）は、コンピュータが人間が使う自然言語を理解し、処理するための技術を指します。自然言語は、日本語や英語などの日常的に使われる言語です。従って、自然言語処理は、コンピュータが人間の自然言語を理解することを目的としています。

自然言語処理を用いることで、コンピュータはテキストや音声を分析し、意味を理解することができます。これにより、コンピュータは人間が使う自然言語を用いた会話やテキストを処理することができるようになります。自然言語処理は、様々な分野で活用されており、テキストマイニング、自然言語生成、機械翻訳、音声認識、文書分類など、多岐にわたる用途があります。そして、文法や構文を理解するために形態素解析や構文解析、意味を理解するために意味解析、文章を生成するために文章生成など、様々なタスクを扱います。

1.2.2 自然言語処理の応用

それでは、人工知能による自然言語処理はどのような場面で使用されているのでしょうか。

まずは、Googleなどの検索エンジンです。検索エンジンを構築するためには、キーワードからユーザーの意図を正しく汲めるように、高度な自然言語処理が必要です。近年は本書のテーマであるBERTも検索エンジンに組み込まれているようです。

機械翻訳でも自然言語処理は使われています。言語により単語のニュアンスが異なるため難しいタスクなのですが、次第に高精度の翻訳が可能になってきています。Google翻訳も便利ですが、最近でいうとDeepLという翻訳サービスが高い精度を示し、広く使われています。DeepLを使えば、日常生活の微妙なニュアンスまで翻訳可能です。

あと予測変換でも自然言語処理技術は使われています。この先にどのような入力があるのか、それを予測するためにも自然言語はとても有用な技術です。

そして、スパムフィルタでも自然言語処理は使われています。我々がスパムメールに悩まされずに済むのも、自然言語処理のおかげです。

あとは、音声アシスタントです。Google HomeやAlexaを家に置いている方もいるかと思いますが、そのような身近な技術としても自然言語処理は既に使われています。

また、GPT-3やChatGPTなどの大規模文章生成モデルの登場により、人が書いたものとほぼ区別がつかない文章の生成が可能になりつつあります。このようなモデルを利用した小説の執筆も実際に行われており、2022年には文学賞「星新一賞」でAIを利用して執筆した作品が入選しました。このコンテストでは、実際に約4%の応募作品がAIを利用していたそうです。

その他にも、顧客対応、医師の問診、法律相談など、様々な分野で自然言語処理は応用されつつあります。

自然言語処理の応用できる領域はとても幅広く、もう既に我々の身近な技術となっています。

1.2.3 形態素解析

ここで、「形態素解析」について解説します。「形態素」とは、言葉が意味を持つ単語のまとまりの最小単位のことです。要は単語のことと考えて通常は問題ないかと思います。

そして、形態素解析とは自然言語を形態素にまで分割することになります。日本語や中国語、タイ語などは単語間にスペースがないため、英語よりも形態素解析が難しくなります。

形態素解析を行わないと、どこからどこまでを単語としてとらえていいかニューラルネットワークが判別することができません。

日本語の形態素解析ライブラリですが、代表的なものに以下があります。

- MeCab
- Janome
- GiNZA
- JUMAN

etc...

他にも、様々な形態素解析ライブラリが存在します。

それぞれ精度や速度、インストールのしやすさ、その他特徴が異なるので、必要に応じて適したものを選択することになります。

1.2.4 単語のベクトル化

「word2vec」と呼ばれる技術を使うことで、単語をベクトル化し、類似度の高い単語を探したり、単語同士の演算をしたりすることが可能になります。以下、word2vecについて概要を解説しますが、まずは「one-hot表現」について解説します。

one-hot表現は、各単語を1と0からなるベクトルで表現します。例として、「すもももももももものうち」という文章を考えます。この文章における、それぞれの単語をone-hot表現で表してみましょう。

まずは、図1.5の表のようにこの文章を単語に分割し、各単語にIDを割り当てます。

すもも も もも も もも の うち

	すもも	も	もも	の	うち
ID	0	1	2	3	4

「すもも」のone-hot表現: [1 0 0 0 0]

「も」のone-hot表現: [0 1 0 0 0]

図1.5 文章を単語に分割し、IDを割り当てる

one-hot表現は、このIDの位置を1、それ以外を0としたベクトルです。例えば、「すもも」という単語のone-hot表現は、「1 0 0 0 0」、「も」という単語のone-hot表現は、「0 1 0 0 0」となります。このように、one-hot表現を用いることで単語をニューラルネットワークで扱いやすいベクトルの形にすることができます。

それでは次に、分散表現について解説します。one-hot表現とは異なり、分散表現では単語間の関連性や類似度に基づくベクトルで単語を表現します。図1.6

の表では、分散表現でいくつかの単語を表現しています。

200要素程度

男性	0.01	0.58	0.24	…
ロンドン	0.34	0.93	0.02	…
Python	0.97	0.08	0.41	…

図1.6 分散表現で単語を表す

各単語は200個程度数値が並んだベクトルで表されています。このように、各単語を限られた要素数のベクトルで表したものが分散表現です。ここでは、「男性」、「ロンドン」、「Python」という3つの単語がありますが、全く異なる単語なのでベクトルは似ていません。

もし単語の類似度や関連性が高ければ、それらの単語同士の分散表現は似たものになります。これらの分散表現のベクトルを用いて、単語同士の足し算や引き算が可能になります。例えば、「王」という単語の分散表現から「男」という単語の分散表現を引き、「女」という単語の分散表現を足すと、女王という単語の分散表現に近くなります。

このように、分散表現を用いることで類似度の高い単語を見つけたり、単語同士で演算を行うことが可能になります。one-hot表現では、文書で使われている単語数が非常に多い場合、ベクトルの要素数が数万を超える場合があります。そうなってしまうと学習が困難になるので、この分散表現を使った方がニューラルネットワークでの学習が容易になります。

それでは、以上を踏まえて「word2vec」について解説します。

word2vecは、先ほどの分散表現を作成することができる技術です。word2vecを使えば、単に数値が並んでいるだけではなく、他の単語との関連性を表したベクトルを作ることができます。

word2vecではCBOW、あるいはskip-gramなどのニューラルネットワークがよく用いられます。それぞれについて、以降解説します。

まずは、CBOW（Continuous Bag-of-Words）です。CBOWは、前後の単語から対象の単語を予測するニューラルネットワークです。

図1.7 にCBOWの概要を示します。

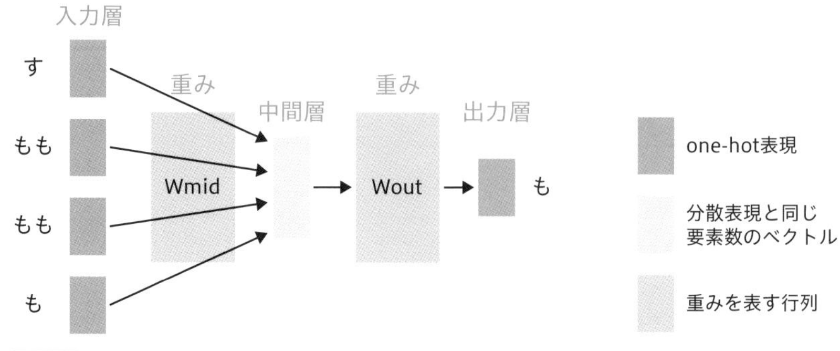

図1.7 CBOWの概要

入力層、中間層、出力層があって、入力層と中間層の間、及び中間層と出力層の間に重みがあります。

この図において、濃い青の長方形は単語を表すone-hot表現、薄い青の長方形は分散表現と同じ要素数のベクトル、中間の色の長方形は重みを表す行列です。

入力層に入力するのは、ある単語の前後の単語です。

前後の単語から、その単語を予測するように、このニューラルネットワークにおいて学習が行われます。

例えば、「すもももももも」という文章の中央の単語「も」を予測するように、ニューラルネットワークは学習することになります。学習後、入力層と中間層の間にある重みの行列は、各単語の分散表現が並んだ行列になります。

以上のように、CBOWは前後の単語から対象の単語を予測するようにして、分散表現を作成します。

学習に要する時間は、後ほど解説するskip-gramよりも短くなります。

次に、skip-gramを解説します。skip-gramは、CBOWとは逆にある単語から前後の単語を予測するニューラルネットワークです。CBOWよりも学習に時間がかかりますが、精度は上のことが多いです。

図1.8 に、skip-gramの概要を示します。

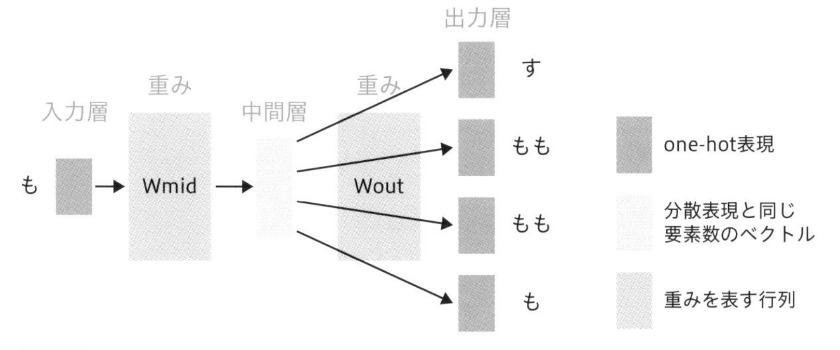

図1.8 skip-gramの概要

CBOWとの違いは、入力が中央の単語、出力がその前後の単語になる点です。CBOWとは逆に、中央の単語からその周囲の単語を予測するように学習が行われます。skip-gramにおいても、CBOWと同様に、学習により入力層と中間層の間の重みの行列は、分散表現のベクトルが並んだ行列になります。

以上のように、単語をベクトル化することで、各単語はニューラルネットワークの入力に適した形になります。単にランダムな値が並んだベクトルではなくて、単語との関係性を考慮したベクトルになります。

1.2.5 RNN（再帰型ニューラルネットワーク）

自然言語処理では、ニューラルネットワークの一種である再帰型ニューラルネットワーク（Recurrent Neural Network、RNN）がよく使われます。RNNは中間層が「再帰」の構造を持って、前後の時刻の中間層とつながっているという特徴があります。

RNNは時間変化するデータ、すなわち時系列データを入力にすることができるので、音声や文章、動画などを扱うのに適しています。

RNNは時間変化するデータ、すなわち時系列データを入力や教師データにするのですが、このような時系列データには音声、文章、動画、株価、産業機器の状態などがあります。また、RNNに次の単語や文字を予測するように学習させれば、文章を自動で生成することも可能になります。この技術は、チャットボットや小説の自動執筆などに応用されます。

シンプルなRNNでは長期記憶が保持できないという欠点があるのですが、それはLSTMやGRUなどのRNNの派生技術によりある程度克服されます。

RNNは、図1.9のように中間層がループ(再帰)する構造を持ちます。中間層が前の時刻の中間層と接続されており、これにより時系列データを扱うことが可能になります。

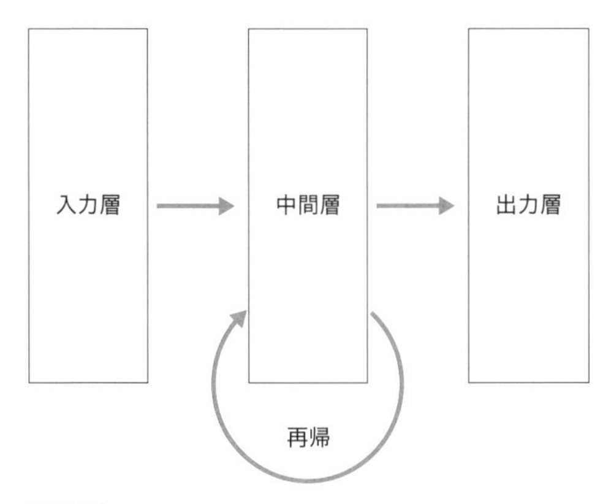

図1.9 RNNの概念

図1.10は、RNNを各時刻に展開したものです。

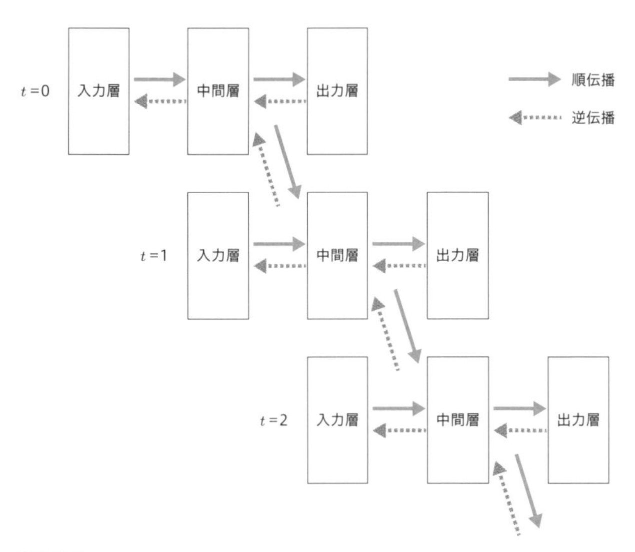

図1.10 RNNを各時刻に展開

図1.10におけるtは時刻です。時間に沿っての中間層が全てつながっており、ある意味深い層のニューラルネットワークになっていることがわかります。

図1.10の実線は順伝播を表します。順伝播では、時間方向に入力が伝播します。また、点線はバックプロパゲーション時に行われる逆伝播を表します。RNNの逆伝播は、時系列を遡るように誤差が伝播します。そして通常のニューラルネッ

トワークと同様に勾配が計算されて、重みやバイアスなどのパラメータが更新されます。なお、図1.10には各時刻における中間層がありますが、それぞれパラメータが異なるわけではなくて、全ての時刻の中間層でパラメータは共有されます。

パラメータというのは重みとかバイアスなどの学習する値のことです。

RNNの出力層ですが、全時刻に配置する場合と、最後の時刻にのみ配置する場合があります（図1.11）。

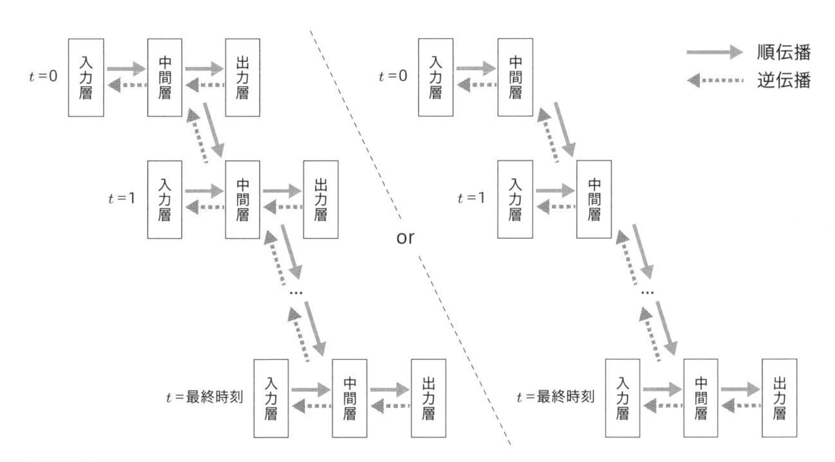

図1.11 RNNの出力

RNNはある意味時間方向に深いネットワーク構造をしているのですが、何度も誤差を伝播させせると、「勾配爆発」と呼ばれる勾配が発散する問題や、「勾配消失」と呼ばれる勾配が消失する問題がしばしば発生します。RNNの場合、前の時刻から引き継いだデータに繰り返し同じ重みを掛け合わせるため、この問題は通常のニューラルネットワークと比べてより顕著になります。

以下は、RNNで扱うことのできる時系列データの例です。

- 文章
- 音声データ
- 動画
- 株価
- 産業用機器の状態

  etc...

このように、時系列データは人間社会、自然界に大量に存在します。実世界と紐付いたリアルなデータを扱うことができるのが、RNNの大きなメリットです。

1.2.6 Seq2Seqによる系列の変換

ここで、RNNの発展形である「Seq2Seq」という技術を紹介します。Seq2Seqは、系列、すなわちsequenceを受け取り、別の系列へ変換するモデルで、自然言語処理などでよく利用されます。

Seq2Seqは、文章などの入力を圧縮するEncoderと、文章などの出力を展開するDecoderからなります。

Encoder、DecoderともにRNNで構築されます。

以下に示すのは、Seq2Seqによる翻訳の例です（図1.12）。

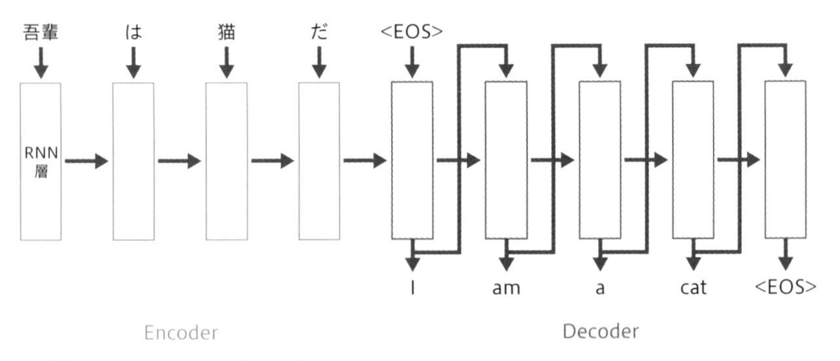

図1.12 Sec2Secによる翻訳の例

吾輩は猫だ、という文章をI am a catという英文に翻訳しています。図中で、複数の長方形はRNNの層を表します。青線の長方形はEncoderを表し、濃い青線の長方形はdecoderを表します。

Encoderには時系列データが各時刻で入力されます。この場合は、日本語の文章の各単語が順番にRNNに入力として入ります。

Decoderは、Encoderの状態を引き継ぎます。そして、まず文章の終わりを表すEOSが入力として入ります。そして、出力として得られる単語を、次の時刻における入力とします。これを繰り返すことで、翻訳された英文を出力として得ることができます。

このように、RNNを使ったSeq2Seqでは、時系列データを別の時系列データに変換することができます。文章は基本的に時系列データなので、Seq2Seqは自然言語処理においてとても有用なモデルです。

Seq2Seqの活用例をいくつか紹介します。まず、機械翻訳です。例えば、英語の文章をフランス語の文章に翻訳する際などに使われます。そして、文章の要約でも使うことができます。元の文章をSeq2Seqへの入力とし、要約文を出力とします。また、対話文の生成も可能です。自分の発言をSeq2Seqへ入力し、相手の発言を得ることができます。これはチャットボットなどに応用可能です。

このように、Seq2Seqは自然言語処理において様々な用途で使うことが可能です。

1.2.7 自然言語処理をさらに学びたい方へ

本書における自然言語処理全般の解説は以上になりますが、自然言語処理に関してさらに詳しく学びたい方には、以下のUdemyコースをお勧めします。

自然言語処理とチャットボット：AIによる文章生成と会話エンジン開発

自然言語処理を学び、チャットボットの開発につなげる講座です。RNNやLSTMを学び、テキストや対話文の生成ができるようになりましょう。必要なPythonと数学を習得した上で、単語をベクトル化するword2vec、時系列データを扱うRNNなどを学んでいきます。そして、Seq2Seqによる対話文の自動生成技術を学び、チャットボット開発につながる対話文の自動生成を行います。

人工知能（AI）を搭載したTwitterボットを作ろう【Seq2Seq+Attention+Colab】

人工知能（AI）を搭載したTwitterボットを構築するコースです。Seq2Seq、Attentionなどのディープラーニング技術を使ってモデルを訓練し、Twitterへの投稿や返答が可能なボットを構築します。また、このために必要な基礎としてTwitter APIの使い方、ディープラーニング用フレームワークPyTorchの使い方、基本的な自然言語処理などを学びます。独自の人工知能ボットを構築し、世界に公開できるようになりましょう。

1.3 Transformerの概要

「Attention」をベースにした「Transformer」について、ここでは概要を解説します。

1.3.1 Transformerとは？

RNNはデータの並列処理が得意ではないため、学習時間に長い時間がかかってしまうという問題があります。また、長時間の関係性をとらえるのが苦手なため、文脈をとらえるのが難しいという問題もあります。

「Transformer」は主に自然言語処理の分野で使用される深層学習のモデルで、このようなRNNの問題を克服しています。2017年にGoogleのリサーチチームによって発表されました。

Transformerは、自然言語処理において、自然言語の翻訳、文章生成、サマリー生成、音声認識など、様々なタスクで高い精度を発揮する非常に汎用性の高い技術です。

TransformerはRNNと同様に、自然言語などの時系列データを処理するように設計されていますが、RNNで用いる再帰、CNNで用いる畳み込みは使いません。Transformerは、ほぼ「Attention」層のみで構築されます。このAttentionにより、Transformerは、入力データの長さにかかわらず、各入力データがどの程度重要であるかを決定し、それに応じて処理することができます。

Transformerは並列処理が容易であり、大量のデータを高速に処理することができるため、大規模な自然言語処理タスクに対して高い精度を発揮します。そのため、Transformerは、現在の自然言語処理で最も有効なモデルの1つとされています。また、画像認識タスクでもTransformerを用いたモデルが注目を集めており、画像に対する物体検出やセグメンテーションタスクでも優れた精度を発揮しています。

次のURLにある文書は、「Attention Is All You Need」という有名なTransformerの元論文です。Attentionさえあれば何も要らない、という意味の刺激的なタイトルです。

- **Attention Is All You Need**
  URL　https://arxiv.org/abs/1706.03762

Transformerのモデルの構成や、その理論的背景などを詳しく解説していますので、元論文に興味ある方はぜひ読んでみてください。

「Attention」は時系列データの特定の部分に注意を向けるように学習させていく方法ですが、少し込み入っていますので詳しくは**5.2節**で解説します。

Transformerは、並列処理が可能であるため、大規模なデータセットを効率的に学習することができます。また、Attentionを採用しているため、入力データの長さにかかわらず、各入力データがどの程度重要であるかを決定し、それに応じて処理することができます。これらの特徴から、Transformerは、自然言語処理や画像認識などの様々なタスクで広く使われています。

1.3.2 Transformerの構造

ここで、Transformerのモデルについて概要を解説します。Seq2Seqと同様にEncorderとDecoderで構成されます。入力を圧縮するのがEncoderで、圧縮されたデータを展開するのがDecoderです。

Multi-Head Attention層により、複数のAttentionの処理を同時並行で行うことが可能です。以降に処理の概要を解説しますが、詳しくは**Chapter5**で改めて解説します（図1.13）。

Encorderではまず、Embedding層で入力文章をベクトルに圧縮します。要は、先ほど解説した分散表現を作ります。単語を表すone-hot表現を、少ない次元のベクトルに変換します。

そして、Positional Encoding層によってこれに位置情報を加えます。位置情報というのは、文章内のどの位置にあるかという情報です。

次は、Multi-Head Attention層です。ここはその名の通り、Attentionの処理が含まれる複数のAttention Headが含まれる層です。Attention Headについては、**Chapter5**で改めて解説します。

その後、データの偏りを無くすためのnormalization（正規化）などを行います。そして、さらにFeed forward networkを配置していますが、これは通常のニューラルネットワークに近いものです。こちらも詳しくは**Chapter5**で解説します。

元論文では、Encoderは図1.14の3から6までの処理を、6回繰り返しています。その後、Decoderに出力のベクトルを渡します。

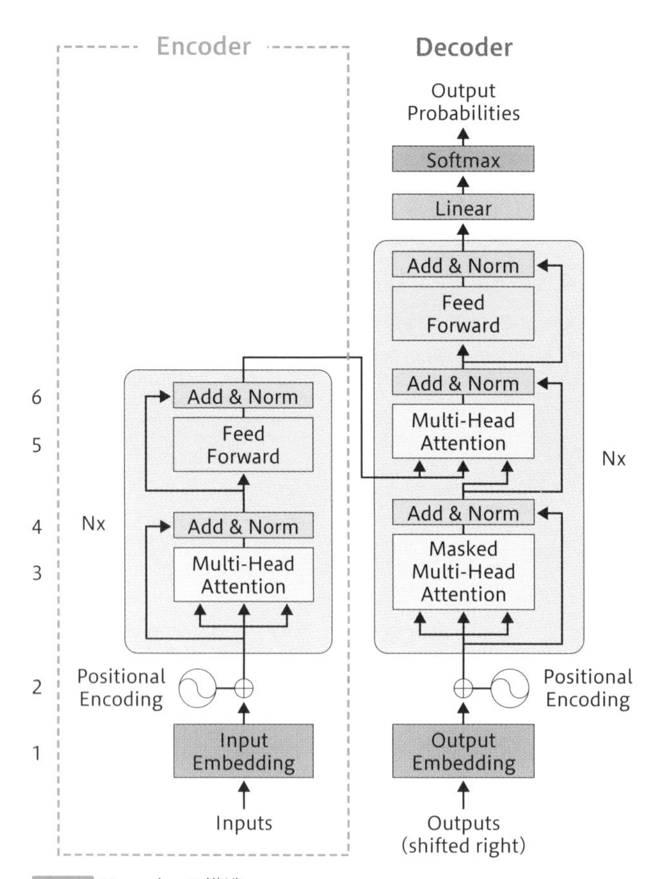

図1.13 Encoderの構造

出典 「Attention Is All You Need」のFigure 1より引用・作成
URL https://arxiv.org/abs/1706.03762

Encoderの構造:

1. Embedding層により入力文章をベクトルに圧縮
2. Positional Encoding層によって位置情報を加える
3. Multi-Head Attention層
4. Normalization（正規化）など
5. Feed forward network
6. Normalization（正規化）など

3-6を6回繰り返す

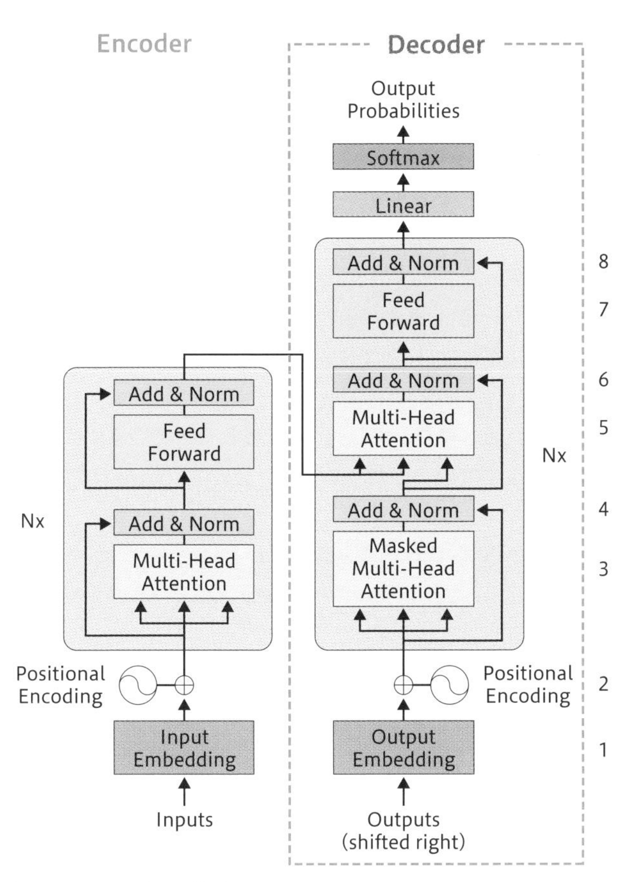

図1.14 Decoderの構造

出典 「Attention Is All You Need」のFigure 1より引用・作成
URL https://arxiv.org/abs/1706.03762

Decoderの構造:

1. Embedding層により入力文章をベクトルに圧縮
2. Positional Encoding層によって位置情報を加える
3. Masked Multi-Head Attention層
4. Normalization（正規化）など
5. Multi-Head Attention層（Encoderの入力を使用）
6. Normalization（正規化）など
7. Feed forward network
8. Normalization（正規化）など

3-8を6回繰り返す

次はDecoderについて解説します。

まずはEmbedding層で入力文章を分散表現に変換します。

次に、Encoderと同じようにPositional Encoding層によって位置情報を加えて、Masked Multi-Head Attention層に入力します。「Masked」と付いていますが、入力の一部が隠されることになります。こちらも詳しくは**Chapter5**で解説します。

その後Normalizationを経た上で再びMulti-Head Attention層に入力しますが、ここでEncoderの出力が合流します。

あとはFeed ForwardとNormalizationですが、3から8までが6回繰り返されます。

このように、Attentionを何回も繰り返すというモデルになっています。各層の内部でどのような処理が行われているかについては、改めて**Chapter5**で解説します。今は概要のみの解説に留めておきます。

Encoder、Decoderの図から見てわかる通り、TransformerではRNNもCNNも使っていません。ほとんどAttentionのみで構成されているのが特徴的です。

1.4 BERTの概要

「Transformer」をベースにした「BERT」について、ここでは概要を解説します。

1.4.1 BERTとは？

まずは、BERT（Birdirectional Encoder Representation from Transformers）の概要を解説します。BERTは2018年の後半にGoogleから発表された新たな深層学習のモデルです。

先ほど解説したTransformerがベースとなっており、ファインチューニングを利用することで様々な自然言語処理のタスクに応用可能だという特徴があります。そのため、従来の自然言語処理タスクと比較して高い汎用性を持っています。ファインチューニングは訓練済みのモデルを各タスクに合わせて調整するように訓練することですが、**Chapter6**で改めて詳しく解説します。

以下は、「BERT：Pre-training of Deep Bidirectional Transformers for Language Understanding」という有名なTransformerの元論文です。双方向（Bidirectional）であること、そしてTransformerを使っていることが強調されています。

- **BERT：Pre-training of Deep Bidirectional Transformers for Language Understanding**
  URL https://arxiv.org/abs/1810.04805

BERTのモデルの構成や、その理論的背景、従来のモデルとBERTの性能比較などを詳しく解説していますので、元論文に興味ある方はぜひ読んでみてください。

以降、この論文をベースにBERTについて解説していきます。

1.4.2 BERTの学習の概要

BERTの学習に関して解説します。図1.15は、先ほどの論文の図を引用したものです。

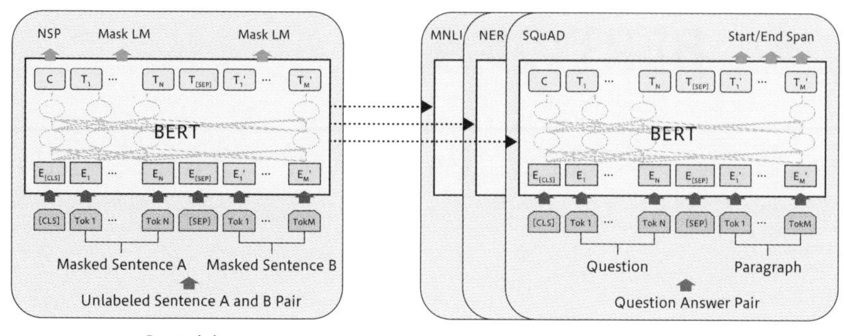

図1.15 BERTの学習

出典 「BERT：Pre-training of Deep Bidirectional Transformers for Language Understanding」のFigure 1より引用・作成
URL https://arxiv.org/abs/1810.04805

左側が事前学習（Pre-training）で右側がファインチューニング（Fine-Tuning）です。

事前学習では、前もって汎用的なモデルを訓練しておきます。ただ、BERTの学習には非常に時間がかかります。従って、何らかのタスクを扱う際は、予め訓練した事前学習済みのモデルを各タスクに合わせてファインチューニングすることになります。

しかしながら、ファインチューニングの方であればそれほど時間はかかりません。様々なタスクで1つの訓練済みのモデルを使い回すことになります。

事前学習の方ですが、この図には「Unlabeld Sentence A and B Pair」と書かれています。正解ラベルのない2つの文章のペアを渡していることになります。訓練データには膨大な文章のペアが含まれるので、それを使ってBERTのモデルを訓練します。

2つの文章「Masked Sentence A」と「Masked Sentence B」には、それぞれ「Masked」が付いています。従って文章の一部を隠すことになるのですが、これについては後ほど解説します。

それでは、ファインチューニングの方を見ていきましょう。この図には「MNLI」「NER」「SQuAD」という3つのタスクが書かれています。

ここで前面に出ているのはSQuADというタスクです。このSQuADは、質問文（Question）と応答文（Paragraph）の膨大なペアからなるデータセットを扱うタスクです。QuestionとParagraphのペアを使ってファインチューニングを行うことになります。

このように、各タスクに合わせてファインチューニングをすることで、そのタスクにおいて高い性能を発揮するモデルを作ることができます。各タスクのために1からモデルを訓練にしようとすると時間がかかりますし、訓練データを大量に集めるのに非常に手間がかかるので、共通の部分を事前訓練しておき、あとは各タスク特有の部分はファインチューニングで訓練してしまうというのは非常に合理的です。

1.4.3 BERTの事前学習

BERTの事前学習について解説します。先ほど解説した通り、BERTの学習は事前学習とファインチューニングからなります。

BERTではTransformerが文章を前から後ろ、後ろから前の両方、すなわち双方向（Bidirectional）に学習します。この双方向の学習ですが、「Masked Language Model」及び「Next Sentence Prediction」という2つの学習の手法があります。この2つを使って、BERTのモデルを訓練することになります。

ファインチューニングの方ですが、事前学習により得られたパラメータを初期値とします。

パラメータというのは重みとバイアスなどの学習可能なパラメータのことですが、これらを初期値としてラベル付きのデータで追加で学習を行います。ラベルというのは正解データのことですが、これを使ってタスクごとにファインチューニングを行うことになります。

次に、先ほど少し触れた「Masked Language Model」及び「Next Sentence Prediction」について解説します。

まずはMasked Language Modelですが、文章から特定の単語をランダムに15%選んで`[MASK]`トークンに置き換えます。これについては、以下に例を示します。

例：My dog is hairy → My dog is `[MASK]`

「My dog is hairy」という文章がありますが、「hairy」の箇所を`[MASK]`トークンに置き換えて、マスクをしています。Masked Language Modelでは、この`[MASK]`のところにこのhairyが来るというのを予測するように訓練します。

Next Sentence Predictionでは、2つの文章に関係があるかどうかを判定するように学習します。

具体的には、連続した2つの文章の、後の方の文章を50%の確率で無関係な文章に置き換えます。そして、後の文章が意味的に連続していればIsNext、そうでなければNotNextテキストの判定を行えるようにモデルを訓練します。
以下に例を挙げます。

```
[CLS] the man went to [MASK] store [SEP] / ➡
he bought a gallon [MASK] milk [SEP]
判定：IsNext
```

ここで[CLS]は文書の始まりを表すトークンです。[SEP]はセパレータで、文章の間に間隔を入れるために使います。
この2つの文章ですが、店に行った後ミルクを買ったということで、意味的に連続しているのでこれはIsNextです。
もう1つ例を挙げます。

```
[CLS] the man went to [MASK] store [SEP] / ➡
penguin [MASK] are flightless birds [SEP]
判定：NotNext
```

こちらは、店に行くという文章と、ペンギンは飛べない鳥という文章なので、意味的に連続していません。従って、判定はNoNextになります。
このように、2つの文章に関係があるかどうかを判定するように学習していくのがNext Sentence Predictionです。

1.4.4 BERTの性能

ここで、BERTの性能について解説します。
先ほどSQuADのタスクについて解説しましたが、SQuADはStanford Question Answering Datasetの略で、スタンフォード大学が一般公開している言語処理の精度を測るベンチマークです。このデータセットは約10万の質疑応答のペアを含んでいます。
図1.16は、BERTをこのSQuADに適用した結果です。

System	Dev EM	Dev F1	Test EM	Test F1
Top Leaderboard Systems (Dec 10th, 2018)				
Human	-	-	82.3	91.2
#1 Ensemble - nlnet	-	-	86.0	91.7
#2 Ensemble - QANet	-	-	84.5	90.5
Published				
BiDAF+ELMO (Single)	-	85.6	-	85.8
R.M. Reader (Ensemble)	81.2	87.9	82.3	88.5
Ours				
$BERT_{BASE}$ (Single)	80.8	88.5	-	-
$BERT_{LARGE}$ (Single)	84.1	90.9	-	-
$BERT_{LARGE}$ (Ensemble)	85.8	91.8	-	-
$BERT_{LARGE}$ (Sgl.+TriviaQA)	84.2	91.1	85.1	91.8
$BERT_{LARGE}$ (Ens.+TriviaQA)	86.2	92.2	87.4	93.2

図1.16 BERTをSQuADに適用した結果

出典 「BERT：Pre-training of Deep Bidirectional Transformers for Language Understanding」のTable 2より引用・作成
URL https://arxiv.org/abs/1810.04805

この表ではいくつかのモデルを比較しています。「Human」と書かれた人間による結果の他に、BERT以外のモデルによる結果、そしてBERTによる結果が掲載されています。BERTにはいくつか種類があるのですが、サイズの大きなBERTのモデルは人間を超える非常に高いパフォーマンスを発揮しています。このように、BERTはテキスト処理の分野においてもヒトよりも高い性能を発揮することがあるということで、非常に高い注目を集めています。

では、他の例を見ていきましょう。図1.17の表にご注目ください。

System	MNLI-(m/mm) 392k	QQP 363k	QNLI 108k	SST-2 67k	CoLA 8.5k	STS-B 5.7k	MRPC 3.5k	RTE 2.5k	Average -
Pre-OpenAI SOTA	80.6/80.1	66.1	82.3	93.2	35.0	81.0	86.0	61.7	74.0
BiLSTM+ELMo+Attn	76.4/76.1	64.8	79.8	90.4	36.0	73.3	84.9	56.8	71.0
OpenAI GPT	82.1/81.4	70.3	87.4	91.3	45.4	80.0	82.3	56.0	75.1
$BERT_{BASE}$	84.6/83.4	71.2	90.5	93.5	52.1	85.8	88.9	66.4	79.6
$BERT_{LARGE}$	86.7/85.9	72.1	92.7	94.9	60.5	86.5	89.3	70.1	82.1

図1.17 BERTをGLUEに適用した結果

出典 「BERT：Pre-training of Deep Bidirectional Transformers for Language Understanding」のTable 1より引用・作成
URL https://arxiv.org/abs/1810.04805

「GLUE」は、自然言語処理のための、複数のタイプのデータセットを含みます。この表には、そのうち8種類を使った結果が表示されています。

各データの解説は次のページの通りです。

- MNLI-(m/mm)：テキスト同士の関係性（含意、矛盾、中立）を判定するデータセット
- QQP：2つの質問が同じ意味かどうかを判定するデータセット
- QNLI：文章内に質問の回答が含まれているかどうかを判定するデータセット
- SST-2：映画のレビューを基に感情分析を行って、善し悪しを判定するデータセット
- CoLA：文章が英語の文法的に正しいかを判定するデータセット
- STS-B：2つのニュースの見出しの意味が似ているかどうか、類似性を判定するデータセット
- MRPC：2つのニュース記事が意味的に等しいかどうかを判定するデータセット
- RTE：2つの文章が含意関係かどうかを判定するデータセット

このような8種類のデータセットで、BERTの性能を測定した結果が図1.17の表になります。BERTは、従来のモデルと比較してはるかに高い性能を発揮していることがわかります。

もう1つ注目すべきことは、BERTの汎用性です。従来のモデルではタスクによる性能のばらつきが結構大きいのですが、BERTは様々なタスクにおいて高い性能を発揮するモデルであることがわかります。

そしてこのBERTですが、英語のみでしか使えないわけではありません。BERTの訓練済みモデルは100以上の言語で存在し、日本語の訓練済みモデルもあります。

以下は、日本語の訓練済みモデルを提供しているサイトです。

- **言語メディア研究室**
  URL https://nlp.ist.i.kyoto-u.ac.jp/index.php?ku_bert_japanese

- **Pretrained Japanese BERT models：東北大学 乾研究**
  URL https://github.com/cl-tohoku/bert-japanese

それぞれのサイトではモデル自体の詳細、及び使い方、ライセンスに関して解説があります。これらのモデルを使いたい方は、ぜひ訪れてみてください。

1.5 Chapter1のまとめ

本チャプターでは、自然言語処理、Transformer、BERTの概要について学びました。

次のチャプター以降、開発環境であるGoogle Colaboratory、フレームワークPyTorchを学んだ上で、BERTの仕組みと実装について学びます。コードを書きながら、試行錯誤を重ねてBERTの実装に慣れていきましょう。

Chapter 2

開発環境

本書で使用する開発環境、Google Colaboratoryの概要と使い方を解説します。
Google Colaboratoryは、高機能でGPUを利用可能であるにもかかわらず、無料で簡単に始めることができます。
本チャプターには以下の内容が含まれます。

- Google Colaboratoryの始め方
- セッションとインスタンス
- CPUとGPU
- Google Colaboratoryの様々な機能
- 演習

最初に、Google Colaboratoryの始め方、そしてコードや文章を記述可能なノートブックの扱い方について解説します。
また、CPUとGPU、そしてセッションとインスタンスについて解説します。深層学習にはしばしば大きな計算量が必要になるので、これらの概念を把握しておくことは大事です。
その上で、Google Colaboratoryの各設定と様々な機能を解説します。
Google Colaboratoryは人工知能の学習や研究にとても便利な環境ですので、使い方を覚えて、いつでも気軽にコードを試せるようになりましょう。

2.1 Google Colaboratoryの始め方

Google Colaboratoryは、Googleが提供する研究、教育向けのPythonの実行環境で、クラウド上で動作します。ブラウザ上でとても手軽に機械学習のコードを試すことができて、なおかつGPUも無料で利用可能なので、近年人気が高まっています。

2.1.1 Google Colabortoryの下準備

Google Colabortoryを使うためには、Googleアカウントを持っている必要があります。持っていない方は、以下のURLで取得しましょう。

- **Googleアカウント**
  URL https://myaccount.google.com/

アカウントが取得済みであることを確認したら、以下のGoogle Colaboratoryのサイトにアクセスしましょう。

- **Google Colaboratory**
  URL https://colab.research.google.com/

ウィンドウが表示されてファイルの選択を求められることがありますが、とりあえずキャンセルします。

図2.1のような導入ページが表示されることを確認しましょう。

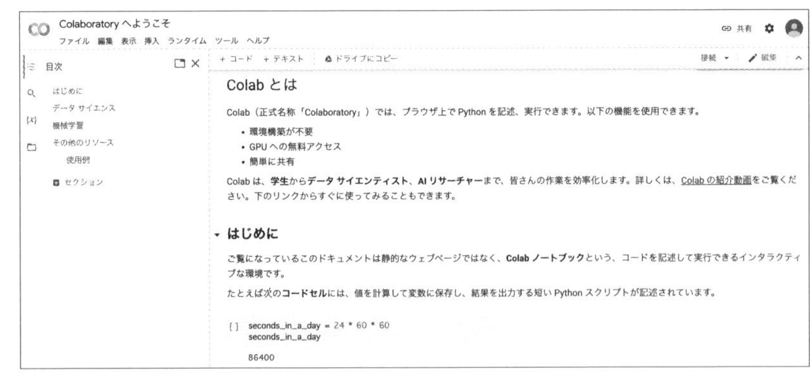

図2.1 Google Colaboratoryの導入ページ

Google Colaboratoryはクラウド上で動作するので、端末へのインストールは必要はありません。

Google Colaboratoryに必要な設定は以上になります。

2.1.2 ノートブックの使い方

まずはGoogle Colaboratoryのノートブックを作成しましょう。ページの左上、「ファイル」(図2.2❶) から「ノートブックを新規作成」を選択します(図2.2❷)。

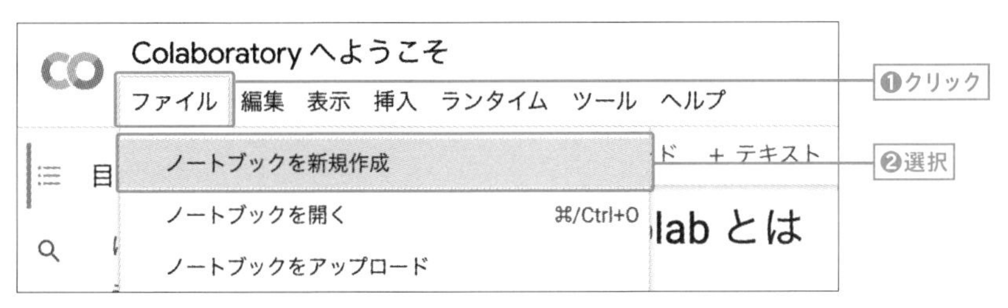

図2.2 ノートブックの新規作成

ノートブックが作成され、新しいページに表示されます(図2.3)。ノートブックは、.ipynbという拡張子を持ち、Googleドライブの「Colab Notebooks」フォルダに保存されます。

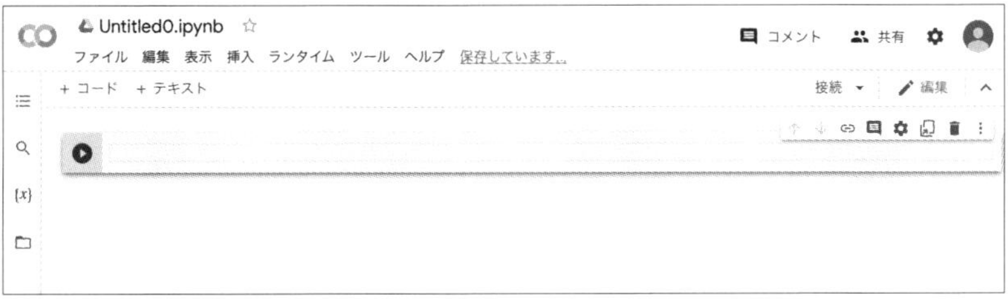

図2.3 ノートブックの画面

図2.3の画面では、上部にメニューなどが表示されており、様々な機能を使うことができます。

ノートブックの名前は作成直後「Untitled0.ipynb」などになっていますが、メニューから「ファイル」→「名前の変更」を選択することで変更可能です。「my_notebook.ipynb」などの好きな名前に変更しておきましょう。

Pythonのコードは、画面中央に位置する「コードセル」と呼ばれる箇所に入力します。リスト2.1のようなコードを入力した上で、[Shift] + [Enter] キー（macOSの場合は [Shift] + [return] キー）を押してみましょう。コードが実行されます。

リスト2.1 Pythonのコードの例

In

```
print("Hello World!")
```

リスト2.1のコードを実行すると、コードセルの下部に以下の実行結果が表示されます。

Out

```
Hello World!
```

Google Colaboratoryのノートブック上で、Pythonのコードを実行することができました。コードセルが一番下に位置する場合、新しいセルが1つ下に自動で追加されます（図2.4）。

図2.4 コードの実行結果

また、コードは [Ctrl] + [Enter] キーで実行することもできます。この場合、コードセルが一番下にあっても新しいセルが下に追加されません。同じセルが選択されたままとなります。

なお、コードはセル左側の実行ボタンで実行することも可能です。

以上で、Google ColaboratoryでPythonのコードを実行する準備は整いました。開発環境の構築にほとんど手間がかからないのは、Google Colaboratoryの大きな長所の1つです。

2.1.3 ダウンロードしたファイルの扱い方

本書のコードは、P.Vに記載している本書の付属データのダウンロードサイトからダウンロード可能です。コードは`.ipynb`形式のファイルで、Googleドライブにアップロードすれば Google Colaboratory で開くことができます。一度 Googleドライブにアップした`.ipynb`形式のファイルは、右クリック（図2.5❶）→「アプリで開く」（図2.5❷）で「Google Colaboratory」を選択する（図2.5❸）などの方法で開くことができます。

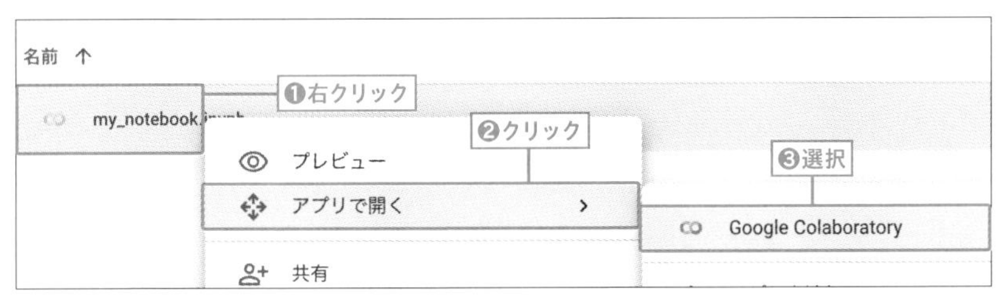

図2.5 Googleドライブでノートブックを開く

2.2 セッションとインスタンス

Google Colaboratoryにおける、「セッション」と「インスタンス」について解説します。Google Colaboratoryにはセッションとインスタンスに関して90分ルールと12時間ルールという独自のルールがあります。学習が長時間に及ぶ際に特に重要ですので、これらのルールの存在を把握しておきましょう。

2.2.1 セッション、インスタンスとは？

Google Colaboratoryでよく使われるセッションとインスタンスという用語について解説します。

「セッション」とは、ある活動を継続して行っている状態のことを意味します。インターネットにおいては、セッションは接続を確立してから切断するまでの一連の通信のことです。例えば、あるWebサイトにアクセスして、そのサイトを離れるかブラウザを閉じるまで、あるいはログインからログアウトまでが1つのセッションになります。

活動の終了と同時にセッションも終了となりますが、一定時間、活動が休止していると自動的に終了となる場合もあります。

また、「インスタンス」は、ソフトウェアとして実装された仮想的なマシンを起動したものです。Google Colaboratoryでは、新しくノートブックを開くとこのインスタンスが立ち上がります。

Google Colaboratoryでは一人ひとりのGoogleアカウントと紐付いたインスタンスを立ち上げることができて、その中でGPUやTPUを利用することができます。

2.2.2 90分ルール

それでは、以上を踏まえた上で90分ルールについて解説します。90分ルールとは、ノートブックのセッションが切れてから90分程度経過すると、インスタンスが落とされるルールのことです。

ここで、そのインスタンスが落ちる過程について説明します。Google Colaboratoryを始めるために新しくノートブックを開きますが、その際に新しくインスタンスが立ち上がります。そして、インスタンスが起動中にブラウザを閉じたり、PCがスリープに入ったりするとセッションが切れます。このようにしてセッションが切れてから90分程度経過すると、インスタンスが落とされます。

インスタンスが落ちると学習がやり直しになってしまうので、より長い時間学習したい場合はノートブックを常にアクティブに保ったり学習中のパラメータをGoogleドライブに保存するなどの対策を行う必要があります。

2.2.3 12時間ルール

次に、12時間ルールです。12時間ルールとは、新しいインスタンスを起動してから最長12時間経過するとインスタンスが落とされるルールのことです。

新しくノートブックを開くと新しいインスタンスが立ち上がりますが、その間、新しくノートブックを開いても同じインスタンスが使われます。そして、インスタンスの起動から、すなわち最初に新しくノートブックを開いた時から最長12時間経過すると、インスタンスが落とされます。

従って、さらに長い時間学習を行いたい場合は学習中のパラメータをGoogleドライブに保存するなどの対策を行う必要があります。

2.2.4　セッションの管理

「ランタイム」（図2.6 ❶）→「セッションの管理」（図2.6 ❷）でセッションの一覧が表示されます（図2.6 ❸）。

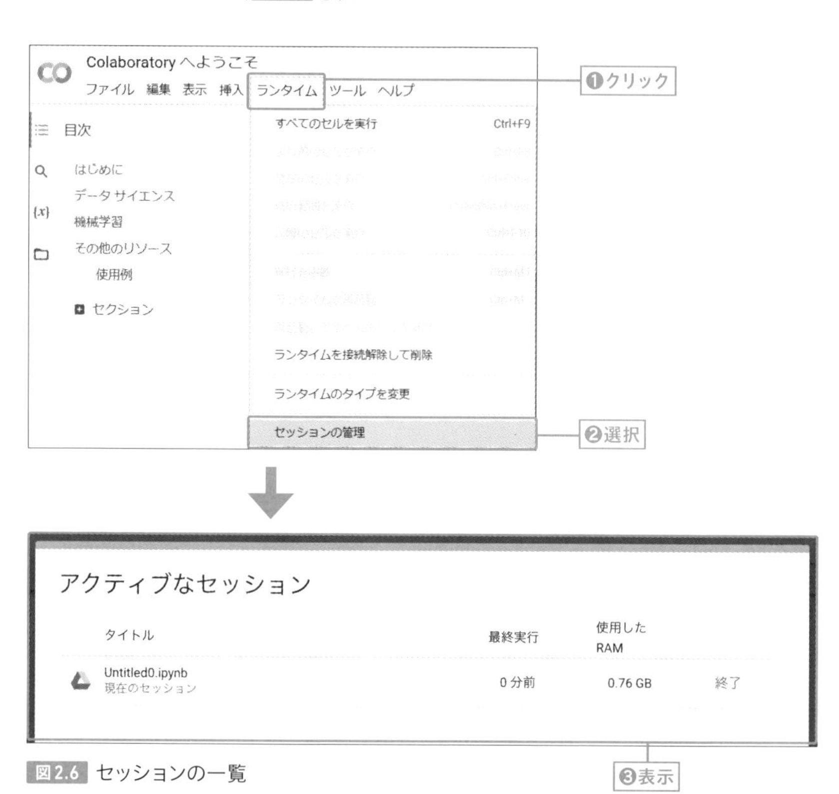

図2.6 セッションの一覧

この画面では、現在アクティブなセッションを把握したり、特定のセッションを閉じたりすることができます。

2.3 CPUとGPU

Google ColaboratoryではGPUが無料で利用可能です。GPUを使うと計算時間が大幅に短縮されますので、積極的に利用していきましょう。

2.3.1 CPU、GPU、TPUとは？

Google Colaboratoryでは、CPU、GPU、TPUが利用可能です。以下、それぞれについて解説します。

「CPU」は、Central Processing Unitの略で、コンピュータにおける中心的な処理装置です。CPUは入力装置などから受け取ったデータに対して演算を行い、結果を出力装置などで出力します。

それに対して、「GPU」は画像処理に特化した演算装置です。しかしながら、GPUは画像処理以外でも活用されます。CPUよりも並列演算性能に優れ、行列演算が得意なため深層学習でよく利用されます。

GPUとCPUの違いの1つは、そのコア数です。コアは実際に演算処理を行っている場所で、コア数が多いと一度に処理できる作業の数が多くなります。CPUのコア数は一般的に2から8個程度であるのに対して、GPUのコア数は数千個に及びます。

GPUはよく、「人海戦術」に例えられます。GPUはシンプルな処理しかできませんが、たくさんの作業員が同時に作業することで、タスクによっては非常に効率的に作業を進めることができます。

それに対して、CPUは「少数精鋭」で、PC全体を管理する汎用プレーヤーです。OS、アプリケーション、メモリ、ストレージ、外部とのインターフェイスなど、様々なタイプの処理を次々にこなす必要があり、タスクを高速に順番に処理していきます。

GPUは、メモリにシーケンシャルにアクセスし、かつ条件分岐のない計算に強いという特性があります。

そして、そのような要件を満たす計算に、行列計算があります。深層学習では非常に多くの行列演算が行われますので、GPUが活躍します。

そして、「TPU」ですが、これはGoogleが開発した、機械学習に特化した特定用途向け集積回路です。特定の条件においては、GPUよりも高速なことがあります。

Google ColaboratoryではGPUもTPUも無料で使えるのですが、本書では広く一般的に使われているGPUをメインに使用します。

2.3.2 GPUの使い方

Google ColaboratoryではGPUを無料で使うことができます。GPUは元々は画像処理に特化した演算装置ですが、CPUよりも並列演算性能に優れ、行列演算が得意なため深層学習でよく利用されます。GPUの速度における優位性は、特に大規模な計算において顕著になります。

GPUは、メニューの「編集」（図2.7 ❶）から「ノートブックの設定」を選択し（図2.7 ❷）、「ハードウェアアクセラレータ」にGPUを設定することで（図2.7 ❸）、使用可能になります。

図2.7 GPUの利用

なお、Google ColaboratoryではGPUの利用に時間制限があります。GPUの利用時間について、詳しくは以下のページのリソース制限を参考にしてください。

- **Colaboratory | よくある質問 | 基本**
  URL https://research.google.com/colaboratory/faq.html

2.3.3 パフォーマンスの比較

それでは、実際にPyTorchによる深層学習のコードを実行し、CPUを使った場合とGPUを使った場合の実行時間を比較してみましょう。

リスト2.2はPyTorchを使って実装した、典型的な畳み込みニューラルネットワークのコードです。ニューラルネットワークが5万枚の画像を学習します。

このコードを実行し、CPUとGPUで、実行に要する時間を比較しましょう。デフォルトではCPUが使用されますが、「編集」→「ノートブックの設定」のハードウェアアクセラレータで「GPU」を選択することでGPUが使用されるようになります。

リスト2.2 実行時間の計測

In

```
%%time

import torch
from torch import optim
import torch.nn as nn
import torch.nn.functional as F
from torchvision.datasets import CIFAR10
import torchvision.transforms as transforms
from torch.utils.data import DataLoader

cifar10_train = CIFAR10("./data", train=True, ➡
download=True, transform=transforms.ToTensor())
cifar10_test = CIFAR10("./data", train=False, ➡
download=True, transform=transforms.ToTensor())

batch_size = 64
train_loader = DataLoader(cifar10_train, ➡
batch_size=batch_size, shuffle=True)
```

```
test_loader = DataLoader(cifar10_test, ➡
batch_size=len(cifar10_test), shuffle=False)

class Net(nn.Module):
    def __init__(self):
        super().__init__()
        self.conv1 = nn.Conv2d(3, 6, 5)
        self.pool = nn.MaxPool2d(2, 2)
        self.conv2 = nn.Conv2d(6, 16, 5)
        self.fc1 = nn.Linear(16*5*5, 256)
        self.fc2 = nn.Linear(256, 10)

    def forward(self, x):
        x = self.pool(F.relu(self.conv1(x)))
        x = self.pool(F.relu(self.conv2(x)))
        x = x.view(-1, 16*5*5)
        x = F.relu(self.fc1(x))
        x = self.fc2(x)
        return x

net = Net()
if torch.cuda.is_available():
    net.cuda()

loss_fnc = nn.CrossEntropyLoss()
optimizer = optim.Adam(net.parameters())

record_loss_train = []
record_loss_test = []

x_test, t_test = next(iter(test_loader))  ➡
# ここを修正しました
if torch.cuda.is_available():
    x_test, t_test = x_test.cuda(), t_test.cuda()

for i in range(10):
    net.train()
    loss_train = 0
    for j, (x, t) in enumerate(train_loader):
        if torch.cuda.is_available():
```

```
            x, t = x.cuda(), t.cuda()
        y = net(x)
        loss = loss_fnc(y, t)
        loss_train += loss.item()
        optimizer.zero_grad()
        loss.backward()
        optimizer.step()
    loss_train /= j+1
    record_loss_train.append(loss_train)

    net.eval()
    y_test = net(x_test)
    loss_test = loss_fnc(y_test, t_test).item()
    record_loss_test.append(loss_test)
```

Out

```
Downloading https://www.cs.toronto.edu/~kriz/cifar-10-➡
python.tar.gz to ./data/cifar-10-python.tar.gz
100%|██████████████████| 170498071/170498071 ➡
[00:12<00:00, 13976368.24it/s]
Extracting ./data/cifar-10-python.tar.gz to ./data
Files already downloaded and verified
CPU times: user 4min 1s, sys: 5.65 s, total: 4min 6s
Wall time: 4min 21s
```

表示された結果のうち、「Wall time」が全体の実行時間になります。

著者の手元で実行した結果、CPUの場合のWall timeは約4min 21s、GPUの場合は1min 33sでした。このように、GPUを利用することで学習に要する時間を大幅に短縮することができます。なお、結果は実行時のGoogle Colaboratoryの仕様により変動します。

また、上記のようなコードの読み方については、後のチャプターで改めて詳しく解説します。

2.4 Google Colaboratoryの様々な機能

Google Colaboratoryが持つ様々な機能を紹介します。

2.4.1 テキストセル

テキストセルには、文章を入力することができます。テキストセルは、ノートブック上部の「テキスト」をクリックすることで追加されます（図2.8）。

図2.8 テキストセルの追加

テキストセルの文章は、Markdown記法で整えることができます。また、LaTeXの記法により数式を記述することも可能です。

2.4.2 スクラッチコードセル

「挿入」(図2.9 ❶) →「スクラッチコードセル」(図2.9 ❷) により、手軽にコードを書いて試すことができるセルが画面右に出現します (図2.9 ❸)。

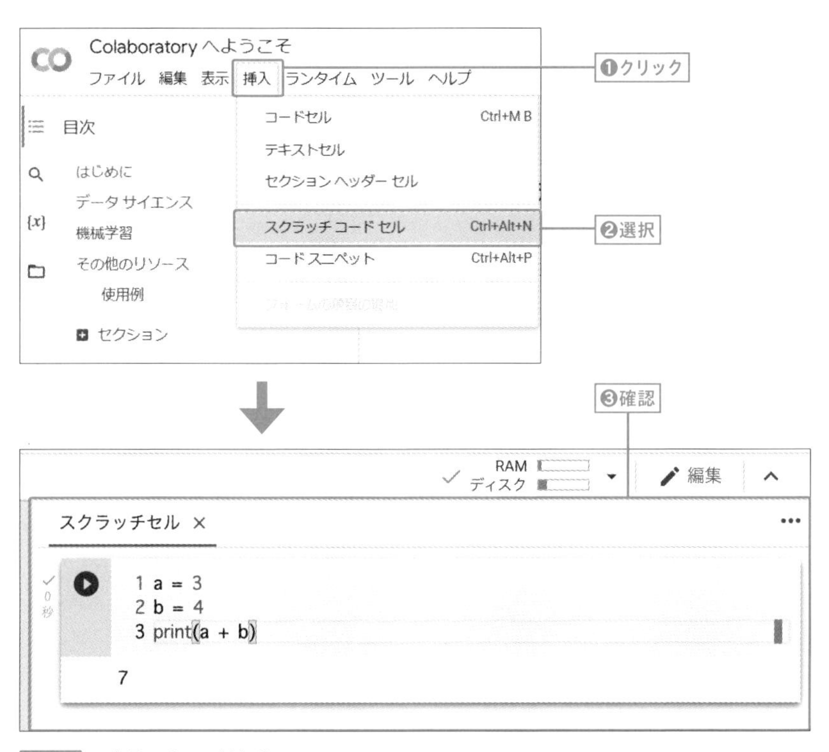

図2.9 スクラッチコードセル

スクラッチコードセルのコードは閉じると消えてしまうので、後に残す予定のないコードを試したい時に使用しましょう。

2.4.3 コードスニペット

「挿入」(図2.10 ❶) →「コードスニペット」(図2.10 ❷) により様々なコードのスニペット (切り貼りして再利用可能なコード) をノートブックに挿入することができます (図2.10 ❸)。

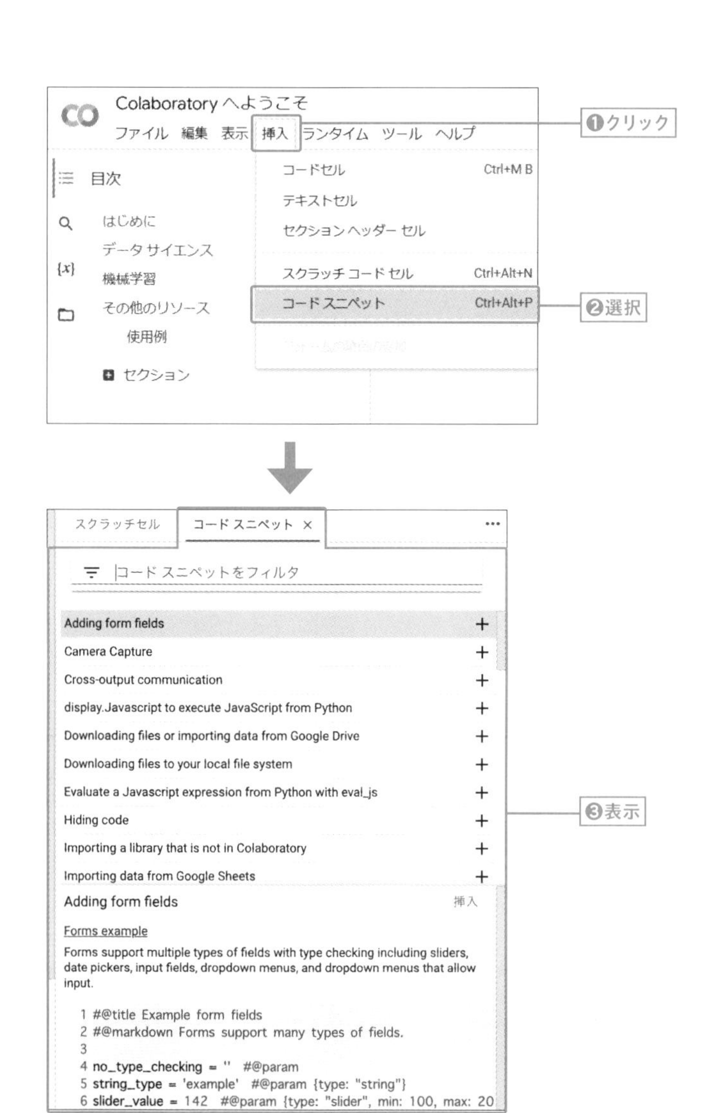

図2.10 コードスニペット

ファイルの読み書きや、Web関連の機能などを扱う様々なコードが予め用意されていますので、興味のある方は様々なスニペットを使ってみましょう。

2.4.4 コードの実行履歴

「表示」（図2.11❶）→「コードの実行履歴」（図2.11❷）により、コードの実行履歴を確認することができます（図2.11❸）。

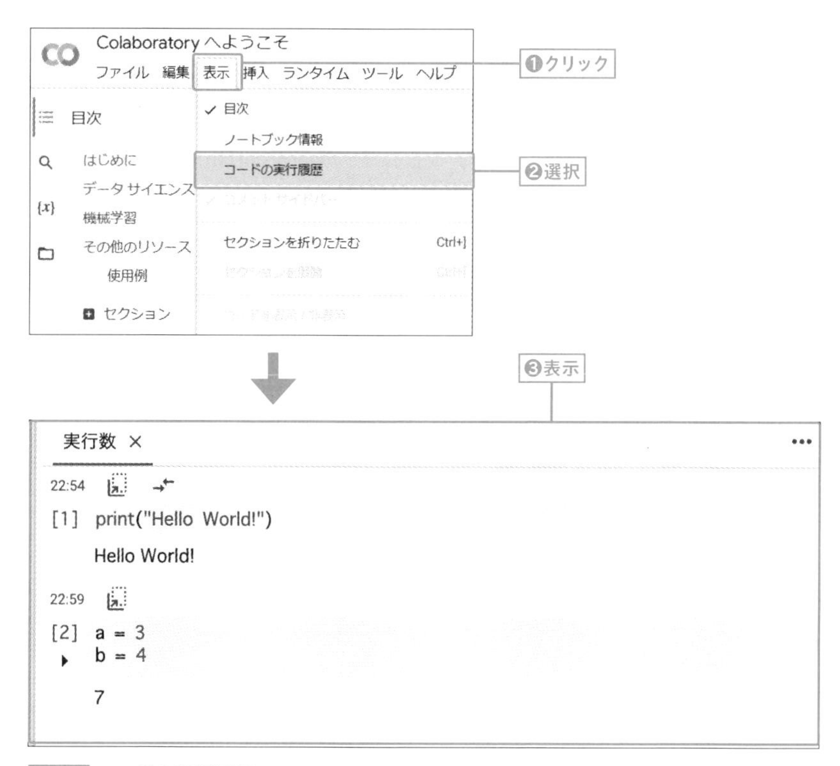

図2.11 コードの実行履歴

2.4.5 GitHubとの連携

「Git」は、プログラミングによるサービス開発の現場などでよく使われている「バージョン管理システム」です。そして、GitHubは、Gitの仕組みを利用して、世界中の人々が自分のプロダクトを共有、公開することができるようにしたウェブサービス名です。

- **GitHub**
  URL https://github.com/

GitHubで作成されたレポジトリ（貯蔵庫のようなもの）は、無料の場合は誰にでも公開されますが、有料の場合は指定したユーザーのみがアクセスできるプライベートなレポジトリを作ることができます。GitHubは、PyTorchの他にTensorFlowやKerasなどのオープンソースプロジェクトの公開にも利用されています。

このGitHubにGoogle Colaboratoryのノートブックをアップすることにより、ノートブックを一般に公開したり、チーム内で共有することができます。

GitHubのアカウントを持っていれば、「ファイル」（図2.12❶）→「GitHubにコピーを保存」（図2.12❷）を選択することで、既存のGitHubのレポジトリにノートブックをアップすることが可能です（図2.12❸❹）。

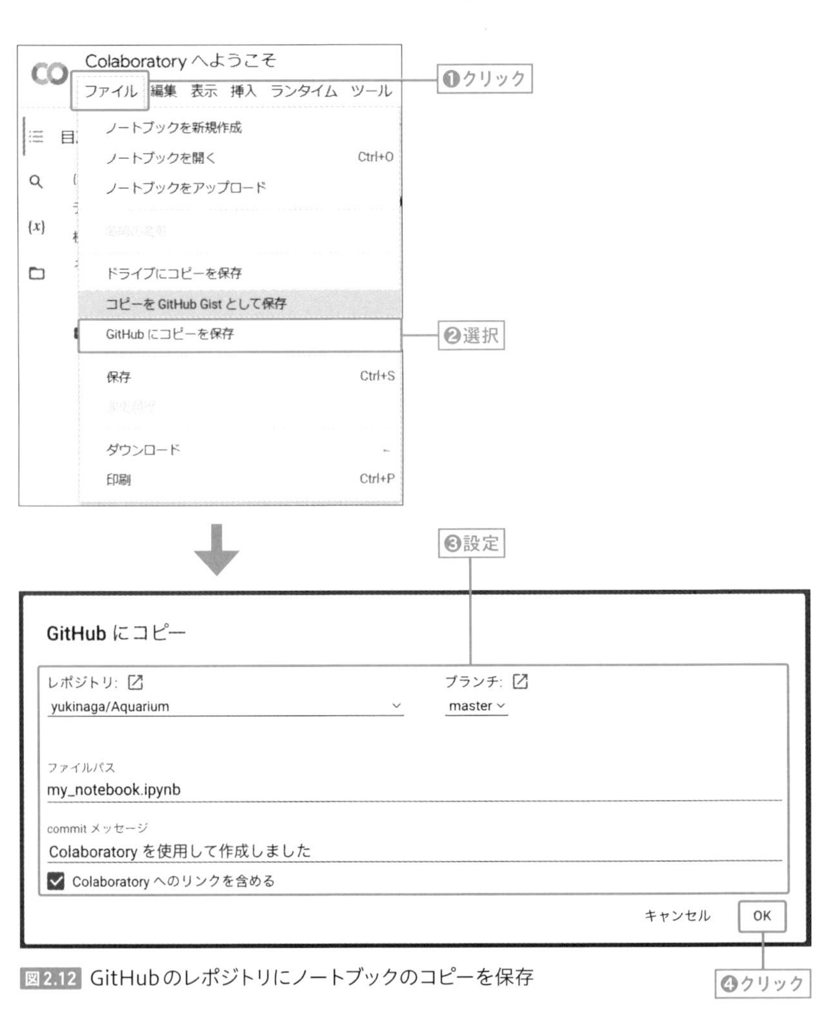

図2.12 GitHubのレポジトリにノートブックのコピーを保存

他にも、Google Colaboratoryは様々な便利な機能を持っているので、ぜひ試してみましょう。

2.5 演習

本チャプターの演習は、Google Colaboratoryの基本操作の練習です。以下の操作を行い、コードセル、テキストセルなどの扱いに慣れていきましょう。

2.5.1 コードセルの操作

コードセルに関する、以下の操作を行いましょう。

- コードセルの新規作成
- コードセルにPythonのコードを記述し、「Hello World!」と表示
- リスト2.3のPythonのコードを記述し、実行する

リスト2.3 Pythonのコード

In

```
a = 12
b = 34
print(a + b)
```

2.5.2 テキストセルの操作

テキストセルに関する、以下の操作を行いましょう。

- テキストセルの新規作成
- テキストセルに文章を記述

また、選択中のテキストセルの上部に表示されるアイコン（図2.13）を使って以下の操作を行いましょう。

- 文章の一部を太字にする
- 文章の一部を斜体にする
- 番号付きリストを追加する
- 箇条書きリストを追加する

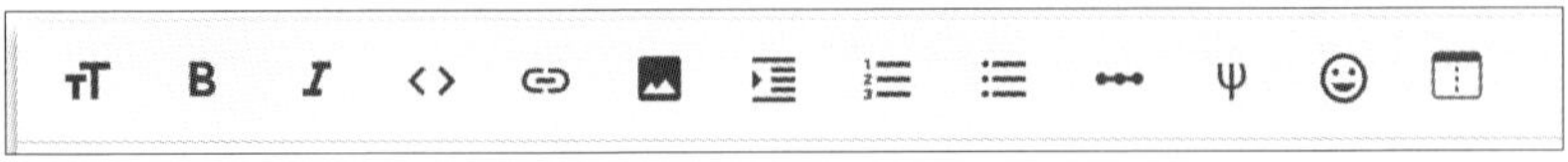

図2.13 選択中のテキストセル上部に表示されるアイコン

リスト2.4のLaTeXの記述を含むコードをテキストセルに記述し、数式が表示されることを確認しましょう（図2.14）。

リスト2.4 LaTeXの記述を含むコード

In

```
$$y=\sum_{k=1}^5 a_kx_k + \frac{b^2}{c}$$
```

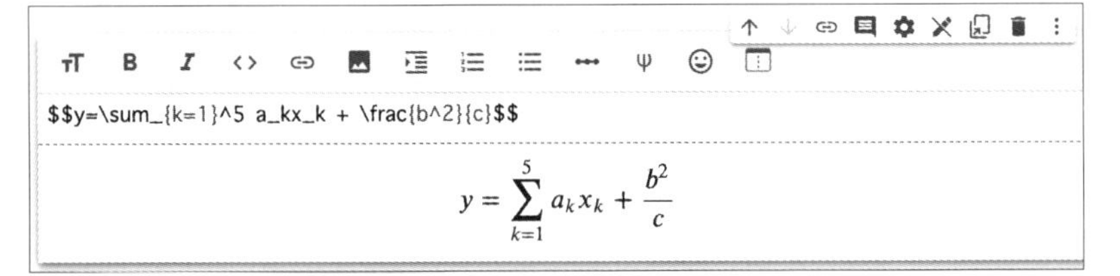

図2.14 テキストセルに数式を表示する

2.5.3 セルの位置変更と削除

コードセル、テキストセル共通の右上のアイコン（図2.15）を使い、以下の操作を行いましょう。

- セルの上下の入れ替え
- セルの削除

図2.15 セル右上のアイコン

2.6 Chapter2のまとめ

本チャプターでは、開発環境であるGoogle Colaboratoryについて学びました。基本的に無料であるにもかかわらず、環境構築が容易であり、なおかつ高機能な実行環境です。

以降の章では、本チャプターの内容をベースに深層学習のPyTorch実装を学んでいきます。

Google Colaboratoryには本書では紹介していない様々な機能がまだまだありますので、興味のある方はぜひ試してみてください。

ちなみに、本書はこのGoogle Colaboratory環境で執筆しました。Google Colaboratoryは技術記事の執筆にもお勧めです。

Chapter 3

PyTorchで実装する簡単な深層学習

このチャプターでは、本書で使用する深層学習用フレームワーク、PyTorchの使い方を学びます。
本チャプターには以下の内容が含まれます。

- 実装の概要
- Tensor
- 活性化関数
- 損失関数
- 最適化アルゴリズム
- エポックとバッチ
- シンプルな深層学習の実装
- 演習

本チャプターは、Google Colaboratory上でシンプルな深層学習を実装します。実装の概要の解説から始まりますが、その後PyTorchのコードを読み書きするために必要な、Tensor、活性化関数、損失関数、最適化アルゴリズムなどの概念を順を追って解説します。
そして、PyTorchによるシンプルな深層学習のコードを解説し、最後にこのチャプターの演習を行います。
チャプターの内容は以上になります。簡単な深層学習を実装することで、PyTorchによる深層学習の実装の全体像が把握できて、BERT実装の準備ができるかと思います。フレームワークPyTorchに、これから少しずつ慣れていきましょう。

3.1 実装の概要

深層学習の実装に必要な概念、及び実装の大まかな手順について解説します。

3.1.1 「学習するパラメータ」と「ハイパーパラメータ」

学習するパラメータ

ニューラルネットワークは多数の「学習するパラメータ」を持ちます。深層学習の目的は、この学習するパラメータを最適化することです。

それでは、この学習するパラメータを具体的に見ていきましょう。典型的な全結合型ニューラルネットワークでは、図3.1 のようにニューロンが層状に並んでいます。

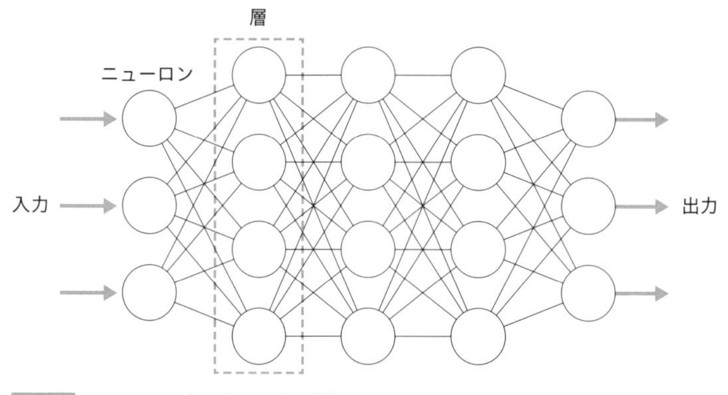

図3.1 ニューラルネットワークの層

1つのニューロンからの出力が、前後の層の全てのニューロンの入力とつながっています。しかしながら、同じ層のニューロン同士は接続されません。

次に、構成単位であるニューロンの内部構造を見ていきます（図3.2）。

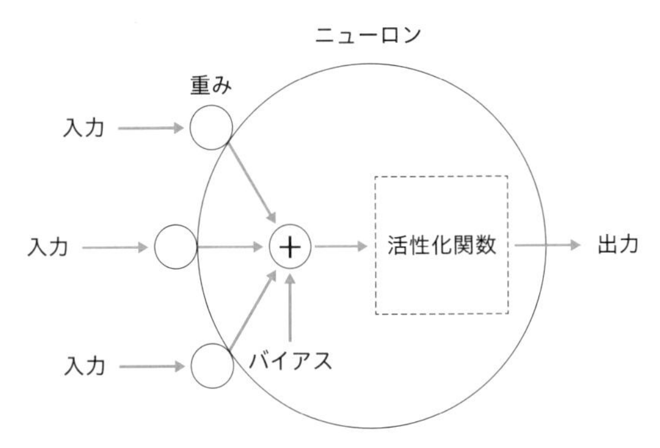

図3.2 ニューロン内部の処理

1つのニューロンには複数の入力がありますが、それぞれに「重み」を掛け合わせて総和をとります。次にこれに「バイアス」を足し合わせて、活性化関数により処理を行うことで出力とします。

これらの、「重み」と「バイアス」がこのニューラルネットワークの「学習するパラメータ」になります。これらの値を調整し、最適化するようにニューラルネットワークは学習します。

この最適化のために使われるのが、バックプロパゲーション（誤差逆伝播法）と呼ばれるアルゴリズムです。ニューラルネットワーク全体に入力と出力があるのですが、出力と正解の誤差が小さくなるように学習するパラメータを調整することで学習することができます。

図3.3 にバックプロパゲーションの概要を示します。

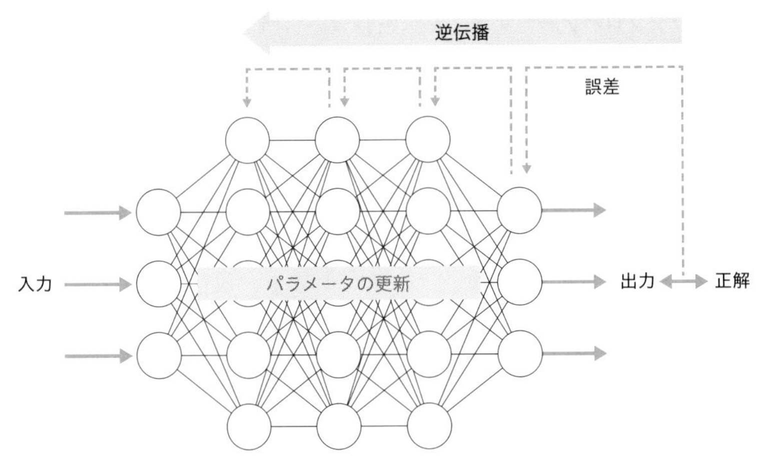

図3.3 バックプロパゲーション

バックプロパゲーションでは、ニューラルネットワークをデータが遡るようにして、ネットワークの各層のパラメータが少しずつ調整されます。これにより、ネットワークは次第に学習し、適切な予測が行われるようになります。

なお、学習するパラメータは、全結合層における重みとバイアスだけではありません。**Chapter5**ではCNNを扱いますが、畳み込み層の「フィルタ」も学習するパラメータを持ちます。

今後、単に「パラメータ」と記載した場合、このような学習するパラメータのことを指すことにします。

ハイパーパラメータ

それに対して、変更されずに固定されたままのパラメータを「ハイパーパラメータ」と呼びます。層の数や各層のニューロン数、後述する最適化アルゴリズムの種類や定数、CNNにおけるフィルタのサイズはハイパーパラメータです。

学習をスムーズに進めるために、ハイパーパラメータは最初に慎重に設定する必要があります。

3.1.2　順伝播と逆伝播

ニューラルネットワークにおいて、入力から出力に向けて情報が伝わっていくことを「順伝播」といいます。ある入力に対応する出力を、「予測値」と解釈します。順伝播は、よく「forward」というメソッド名と関連付けられます。

逆に、出力から入力に向けて情報が遡っていくことを「逆伝播」といいます。逆伝播はバックプロパゲーションによって行われ、ニューラルネットワークの学習に使われます。逆伝播は、よく「backward」というメソッド名と関連付けられます。

順伝播と逆伝播の関係を 図3.4 に示します。

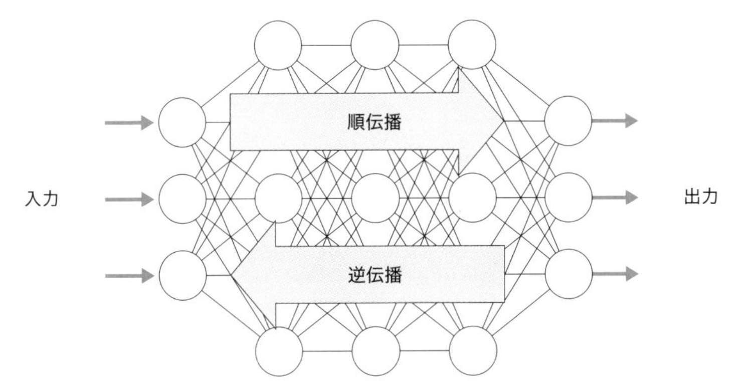

図3.4 順伝播と逆伝播

なお、PyTorchにおいて順伝播のコードは自分で書く必要がありますが、逆伝播は自動で行われるので自分で具体的なコードを書く必要はありません。

3.1.3 実装の手順

以上を踏まえて、以下の手順で深層学習を実装します。

1. データの前処理

データをPyTorchの入力として適した形に、そして学習が適切に進むように変換します。

2. モデルの構築

層や活性化関数などを適切な順番に並べて、深層学習のモデルを構築します。

3. 学習

訓練用のデータを使って、モデルを訓練します。順伝播の出力が適切な値になるように、逆伝播を使ってパラメータを調整します。

4. 検証

訓練したデータが適切に動作するかどうか、未知のデータ（訓練データにないデータ）を使って検証します。

3.2 Tensor

Tensor は PyTorch において最も基本となるデータ構造です。
今回は、Tensor の生成、Tensor 同士の計算、Tensor の操作などのコードを、Google Colacoratory で練習します。
Tensor は数値演算ライブラリ NumPy の配列と扱い方が似ていますが、相違点も多いです。大きな違いの1つは、Tensor は NumPy の配列と異なり、バックプロパゲーションに必要な計算を自動で行うことができる点です。

3.2.1 パッケージの確認

Google Colaboratory 環境にインストール済みのパッケージを全て表示します（リスト3.1）。

PyTorch が、「torch」という名前でインストールされていることを確認しましょう。

リスト3.1 Google Colaboratory 環境におけるパッケージの一覧を表示

In

```
!pip list
```

Out

```
Package                        Version
------------------------------ ---------------------
absl-py                        1.0.0
alabaster                      0.7.12
albumentations                 0.1.12
altair                         4.2.0
appdirs                        1.4.4
argon2-cffi                    21.3.0
argon2-cffi-bindings           21.2.0
arviz                          0.12.0
astor                          0.8.1
astropy                        4.3.1
astunparse                     1.6.3
atari-py                       0.2.9
```

```
atomicwrites                    1.4.0
attrs                           21.4.0
audioread                       2.1.9
autograd                        1.4
Babel                           2.9.1
backcall                        0.2.0
...（略）...
torch                           2.0.1+cu118
...（略）...
```

3.2.2 Tensorの生成

Tensorは様々な方法で生成することができますが、リスト3.2のコードではtorchの`tensor()`関数によりTensorを生成します。

この場合は、PythonのリストからTensorを生成します。

また、type()により型を確認します。

リスト3.2 Tensorをリストから生成

In

```
import torch

a = torch.tensor([1,2,3])
print(a, type(a))
```

Out

```
tensor([1, 2, 3]) <class 'torch.Tensor'>
```

他にも、様々な方法でTensorを生成することができます（リスト3.3）。

リスト3.3 様々な方法でTensorを生成する

In

```
print("--- 2次元のリストから生成 ---")
b = torch.tensor([[1, 2],
                  [3, 4]])
print(b)

print("--- dtypeを指定し、倍精度のTensorにする ---")
```

```
c = torch.tensor([[1, 2],
                  [3, 4]], dtype=torch.float64)
print(c)

print("--- 0から9までの数値で初期化 ---")
d = torch.arange(0, 10)
print(d)

print("--- すべての値が0の、2×3のTensor ---")
e = torch.zeros(2, 3)
print(e)

print("--- すべての値が乱数の、2×3のTensor ---")
f = torch.rand(2, 3)
print(f)

print("--- Tensorの形状はsizeメソッドで取得 ---")
print(f.size())
```

Out

```
--- 2次元のリストから生成 ---
tensor([[1, 2],
        [3, 4]])
--- dtypeを指定し、倍精度のTensorにする ---
tensor([[1., 2.],
        [3., 4.]], dtype=torch.float64)
--- 0から9までの数値で初期化 ---
tensor([0, 1, 2, 3, 4, 5, 6, 7, 8, 9])
--- すべての値が0の、2×3のTensor ---
tensor([[0., 0., 0.],
        [0., 0., 0.]])
--- すべての値が乱数の、2×3のTensor ---
tensor([[0.1359, 0.5293, 0.6867],
        [0.5327, 0.2675, 0.3909]])
--- Tensorの形状はsizeメソッドで取得 ---
torch.Size([2, 3])
```

linspace()関数を使えば、指定した範囲で連続値を生成することができます。グラフの横軸などによく使用されます（リスト3.4）。

リスト3.4 linspace()関数でTensorを生成する

In

```
print("--- -5から5までの連続値を10生成 ---")
g = torch.linspace(-5, 5, 10)
print(g)
```

Out

```
--- -5から5までの連続値を10生成 ---
tensor([-5.0000, -3.8889, -2.7778, -1.6667, -0.5556, ➡
0.5556,  1.6667,  2.7778,
          3.8889,  5.0000])
```

3.2.3 NumPyの配列とTensorの相互変換

機械学習では数値演算ライブラリNumPyの配列がよく使われるので、Tensorとの相互変換は重要です。

Tensorを数値演算ライブラリNumPyの配列に変換するためには、numpy()メソッドを使います。また、from_numpy()関数でNumPyの配列をTensorに変換することができます（リスト3.5）。

リスト3.5 NumPyの配列とTensorの相互変換

In

```
print("--- Tensor → NumPy ---")
a = torch.tensor([[1, 2],
                  [3, 4.]])
b = a.numpy()
print(b)

print("--- NumPy → Tensor ---")
c = torch.from_numpy(b)
print(c)
```

Out

```
--- Tensor → NumPy ---
[[1. 2.]
 [3. 4.]]
--- NumPy → Tensor ---
tensor([[1., 2.],
        [3., 4.]])
```

3.2.4　範囲を指定してTensorの一部にアクセス

様々な方法で、Tensorの要素に範囲を指定してアクセスすることができます（リスト3.6）。

リスト3.6　範囲を指定してTensorの要素にアクセスする

In

```
a = torch.tensor([[1, 2, 3],
                  [4, 5, 6]])

print("--- 2つのインデックスを指定 ---")
print(a[0, 1])

print("--- 範囲を指定 ---")
print(a[1:2, :2])

print("--- リストで複数のインデックスを指定 ---")
print(a[:, [0, 2]])

print("--- 3より大きい要素のみを指定 ---")
print(a[a>3])

print("--- 要素の変更 ---")
a[0, 2] = 11
print(a)

print("--- 要素の一括変更 ---")
a[:, 1] = 22
print(a)
```

```
print("--- 10より大きい要素のみ変更 ---")
a[a>10] = 33
print(a)
```

Out

```
--- 2つのインデックスを指定 ---
tensor(2)
--- 範囲を指定 ---
tensor([[4, 5]])
--- リストで複数のインデックスを指定 ---
tensor([[1, 3],
        [4, 6]])
--- 3より大きい要素のみを指定 ---
tensor([4, 5, 6])
--- 要素の変更 ---
tensor([[ 1,  2, 11],
        [ 4,  5,  6]])
--- 要素の一括変更 ---
tensor([[ 1, 22, 11],
        [ 4, 22,  6]])
--- 10より大きい要素のみ変更 ---
tensor([[ 1, 33, 33],
        [ 4, 33,  6]])
```

3.2.5 Tensorの演算

Tensor同士の演算は、一定のルールに基づき行われます。形状が異なるTensor同士でも、条件を満たしていれば演算できることがあります（リスト3.7）。

リスト3.7 Tensorの演算

In

```
# ベクトル
a = torch.tensor([1, 2, 3])
b = torch.tensor([4, 5, 6])

# 行列
c = torch.tensor([[6, 5, 4],
                  [3, 2, 1]])
```

```
print("--- ベクトルとスカラーの演算 ---")
print(a + 3)

print("--- ベクトル同士の演算 ---")
print(a + b)

print("--- 行列とスカラーの演算 ---")
print(c + 2)

print("--- 行列とベクトルの演算（ブロードキャスト）---")
print(c + a)

print("--- 行列同士の演算 ---")
print(c + c)
```

Out

```
--- ベクトルとスカラーの演算 ---
tensor([4, 5, 6])
--- ベクトル同士の演算 ---
tensor([5, 7, 9])
--- 行列とスカラーの演算 ---
tensor([[8, 7, 6],
        [5, 4, 3]])
--- 行列とベクトルの演算（ブロードキャスト）---
tensor([[7, 7, 7],
        [4, 4, 4]])
--- 行列同士の演算 ---
tensor([[12, 10,  8],
        [ 6,  4,  2]])
```

cとaの和では「ブロードキャスト」が使われています。ブロードキャストは条件を満たしていれば形状が異なるTensor同士でも演算が可能になる機能ですが、この場合cの各行にaの対応する要素が足されることになります。

3.2.6 Tensorの形状を変換

Tensorには、その形状を変換する関数やメソッドがいくつか用意されています。view()を使えば、Tensorの形状を自由に変換することができます（リスト3.8）。

リスト3.8 view()によるTensor形状の変換

In

```
a = torch.tensor([0, 1, 2, 3, 4, 5, 6, 7])  # 1次元のTensor
b = a.view(2, 4)  # (2, 4)の2次元のTensorに変換
print(b)
```

Out

```
tensor([[0, 1, 2, 3],
        [4, 5, 6, 7]])
```

複数ある引数のうち1つを-1にすれば、その次元の要素数は自動で計算されます。リスト3.9の例では、引数に2と4を指定すべきところを2と-1を指定しています。

リスト3.9 view()の引数の1つを-1にする

In

```
c = torch.tensor([0, 1, 2, 3, 4, 5, 6, 7])  # 1次元のTensor
d = c.view(2, -1)  # (2, 4)の2次元のTensorに変換
print(d)
```

Out

```
tensor([[0, 1, 2, 3],
        [4, 5, 6, 7]])
```

また、引数を-1のみにすると、Tensorは1次元に変換されます（リスト3.10）。

リスト3.10 view()の引数を-1のみにする

In

```
e = torch.tensor([[[0, 1],
                   [2, 3]],
                  [[4, 5],
                   [6, 7]]])  # 3次元のTensor
f = c.view(-1)  # 1次元のTensorに変換
print(f)
```

Out

```
tensor([0, 1, 2, 3, 4, 5, 6, 7])
```

また、squeeze()を使えば、要素数が1の次元が削除されます（リスト3.11）。

リスト3.11 squeeze()により、要素数1の次元を削除する

In

```
print("--- 要素数が1の次元が含まれる4次元のTensor ---")
g = torch.arange(0, 8).view(1, 2, 1, 4)
print(g)

print("--- 要素数が1の次元を削除 ---")
h = g.squeeze()
print(h)
```

Out

```
--- 要素数が1の次元が含まれる4次元のTensor ---
tensor([[[[0, 1, 2, 3]],

         [[4, 5, 6, 7]]]])
--- 要素数が1の次元を削除 ---
tensor([[0, 1, 2, 3],
        [4, 5, 6, 7]])
```

逆に、unsqueeze()を使えば要素数が1の次元を追加することができます（リスト3.12）。

リスト3.12 unsqueeze()により、要素数1の次元を追加する

In

```
print("--- 2次元のTensor ---")
i = torch.arange(0, 8).view(2, -1)
print(i)

print("--- 要素数が1の次元を、一番内側（2）に追加 ---")
j = i.unsqueeze(2)
print(j)
```

Out

```
--- 2次元のTensor ---
tensor([[0, 1, 2, 3],
        [4, 5, 6, 7]])
--- 要素数が1の次元を、一番内側（2）に追加 ---
tensor([[[0],
         [1],
         [2],
         [3]],

        [[4],
         [5],
         [6],
         [7]]])
```

3.2.7 様々な統計値の計算

平均値、合計値、最大値、最小値などTensorの様々な統計値を計算する関数とメソッドが用意されています。TensorからPythonの通常の値をとり出すためには、item()メソッドを使います（リスト3.13）。

リスト3.13 Tensorの様々な統計値を計算する

In

```
a = torch.tensor([[1, 2, 3],
                  [4, 5, 6.]])

print("--- 平均値を求める関数 ---")
m = torch.mean(a)
print(m.item())  # item()で値を取り出す

print("--- 平均値を求めるメソッド ---")
m = a.mean()
print(m.item())

print("--- 列ごとの平均値 ---")
print(a.mean(0))
```

```
print("--- 合計値 ---")
print(torch.sum(a).item())

print("--- 最大値 ---")
print(torch.max(a).item())

print("--- 最小値 ---")
print(torch.min(a).item())
```

Out

```
--- 平均値を求める関数 ---
3.5
--- 平均値を求めるメソッド ---
3.5
--- 列ごとの平均値 ---
tensor([2.5000, 3.5000, 4.5000])
--- 合計値 ---
21.0
--- 最大値 ---
6.0
--- 最小値 ---
1.0
```

3.2.8 プチ演習：Tensor同士の演算

リスト3.14にあるTensor、aとbの間で、以下の演算子を使って演算を行い、結果を表示しましょう。

和　　　　：+
差　　　　：-
積　　　　：*
商（実数）：/
商（整数）：//
余り　　　：%

aは2次元でbは1次元なので、ブロードキャストが必要になります。

リスト3.14 プチ演習：Tensor同士の演算

In

```
import torch

a = torch.tensor([[1, 2, 3],
                  [4, 5, 6]])
b = torch.tensor([1, 2, 3])

print("--- 和 ---")


print("--- 差 ---")


print("--- 積 ---")


print("--- 商（実数） ---")


print("--- 商（整数） ---")


print("--- 余り ---")
```

3.2.9 解答例

リスト3.15は解答例です。

リスト3.15 解答例：Tensor同士の演算

In

```
import torch

a = torch.tensor([[1, 2, 3],
                  [4, 5, 6]])
b = torch.tensor([1, 2, 3])

print("--- 和 ---")
```

```
print(a + b)

print("--- 差 ---")
print(a - b)

print("--- 積 ---")
print(a * b)

print("--- 商（実数）---")
print(a / b)

print("--- 商（整数）---")
print(a // b)

print("--- 余り ---")
print(a % b)
```

Out

```
--- 和 ---
tensor([[2, 4, 6],
        [5, 7, 9]])
--- 差 ---
tensor([[0, 0, 0],
        [3, 3, 3]])
--- 積 ---
tensor([[ 1,  4,  9],
        [ 4, 10, 18]])
--- 商（実数）---
tensor([[1.0000, 1.0000, 1.0000],
        [4.0000, 2.5000, 2.0000]])
--- 商（整数）---
tensor([[1, 1, 1],
        [4, 2, 2]])
--- 余り ---
tensor([[0, 0, 0],
        [0, 1, 0]])


/usr/local/lib/python3.7/dist-packages/➡
ipykernel_launcher.py:20: UserWarning: __floordiv__ is ➡
```

```
deprecated, and its behavior will change in a future ➡
version of pytorch. It currently rounds toward 0 (like ➡
the 'trunc' function NOT 'floor'). This results in ➡
incorrect rounding for negative values. To keep the ➡
current behavior, use torch.div(a, b, ➡
rounding_mode='trunc'), or for actual floor division, ➡
use torch.div(a, b, rounding_mode='floor').
```

他にも、Tensorは様々な機能を持っています。詳しくは、以下の公式ドキュメントを参考にしてください。

- **torch.Tensor**
  URL https://pytorch.org/docs/stable/tensors.html

3.3 活性化関数

活性化関数は、言わばニューロンを興奮させるための関数です。ニューロンへの入力と重みをかけたものの総和にバイアス足し合わせた値を、ニューロンの興奮状態を表す値に変換します。もし活性化関数がないと、ニューロンにおける演算は単なる積の総和になってしまい、ニューラルネットワークから複雑な表現をする能力が失われてしまいます。
様々な活性化関数がこれまでに考案されてきましたが、本節では代表的なものをいくつかを紹介します。

3.3.1 シグモイド関数

シグモイド関数は、0と1の間をなめらかに変化する関数です。関数への入力xが小さくなると関数の出力yは0に近づき、xが大きくなるとyは1に近づきます。

シグモイド関数は、ネイピア数の累乗を表すexpを用いて以下の式のように表します。

$$y = \frac{1}{1 + \exp(-x)}$$

この式において、xの値が負になり0から離れると、分母が大きくなるためyは0に近づきます。

また、xの値が正になり0から離れると、$\exp(-x)$は0に近づくためyは1に近づきます。式からグラフの形状を想像することができますね。

シグモイド関数は、リスト3.16のようにPyTorchのnnを使って実装することができます。

グラフはmatplotlibを使って表示します。本書でmatplotlibの解説はしませんが、グラフや画像、アニメーションを表示するために便利なライブラリです。

リスト3.16 シグモイド関数

In

```
import torch
from torch import nn
```

```
import matplotlib.pylab as plt

m = nn.Sigmoid()  # シグモイド関数

x = torch.linspace(-5, 5, 50)
y = m(x)

plt.plot(x, y)
plt.show()
```

Out

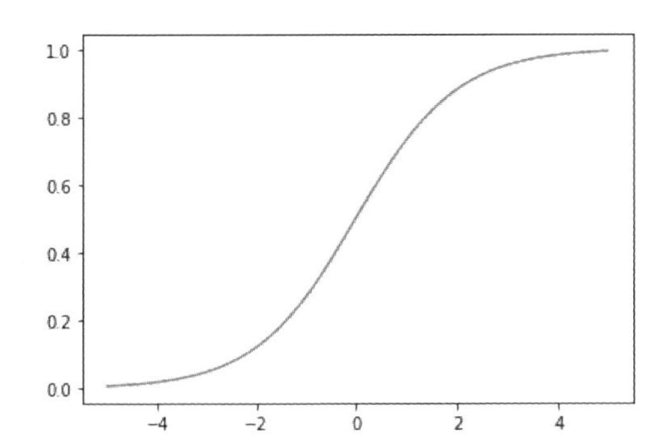

3.3.2 tanh

tanhはハイパボリックタンジェント（hyperbolic tangent）と読みます。tanhは-1と1の間をなめらかに変化する関数です。

曲線の形状はシグモイド関数に似ていますが、0を中心とした対称になっているのでバランスのいい活性化関数です。

tanhは、シグモイド関数と同じくネイピア数の累乗を用いた式で表されます。

$$y = \frac{\exp(x) - \exp(-x)}{\exp(x) + \exp(-x)}$$

シグモイド関数と同様に、tanhもPyTorchのnnを使って実装することができます（リスト3.17）。

リスト3.17 tanh関数

In

```
import torch
from torch import nn
import matplotlib.pylab as plt

m = nn.Tanh()  # tanh

x = torch.linspace(-5, 5, 50)
y = m(x)

plt.plot(x, y)
plt.show()
```

Out

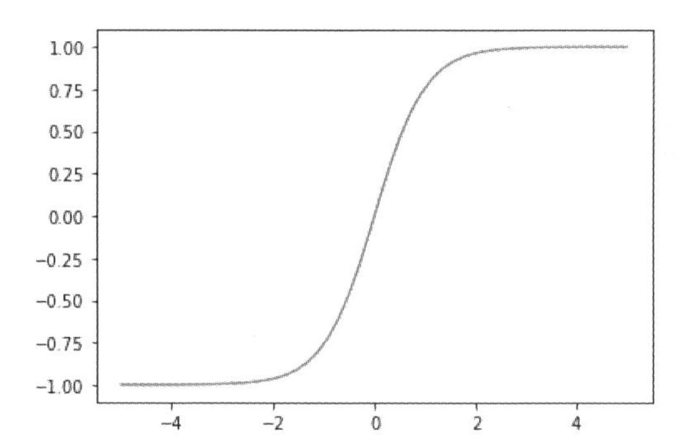

3.3.3 ReLU

ReLUはランプ関数とも呼ばれ、$x > 0$の範囲でのみ立ち上がるのが特徴的な活性化関数です。

ReLUは、以下のような式で表されます。

$$y = \begin{cases} 0 & (x \leqq 0) \\ x & (x > 0) \end{cases}$$

関数への入力xが0以下の場合、関数の出力yは0に、xが正の場合、yはxと等しくなります。

ReLUも、PyTorchのnnを使って実装することができます（リスト3.18）。

リスト3.18 ReLU関数

In

```
import torch
from torch import nn
import matplotlib.pylab as plt

m = nn.ReLU()  # ReLU

x = torch.linspace(-5, 5, 50)
y = m(x)

plt.plot(x, y)
plt.show()
```

Out

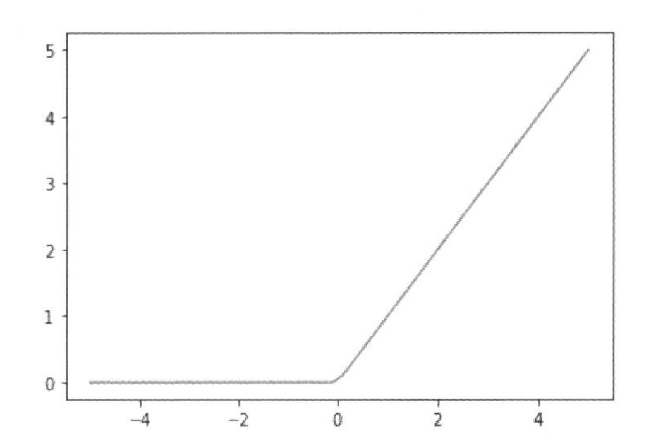

シンプルであり、なおかつ層の数が多くなっても安定した学習ができるので、近年の深層学習では主にこのReLUが出力層以外の活性化関数としてよく使われます。

3.3.4 恒等関数

恒等関数は、入力をそのまま出力として返す関数です。形状は直線になります。恒等関数は、以下のシンプルな式で表されます。

$$y = x$$

恒等関数は、リスト3.19のようなコードで実装することができます。

リスト3.19 恒等関数

In

```
import torch
from torch import nn
import matplotlib.pylab as plt

x = torch.linspace(-5, 5, 50)
y = x  # 恒等関数

plt.plot(x, y)
plt.show()
```

Out

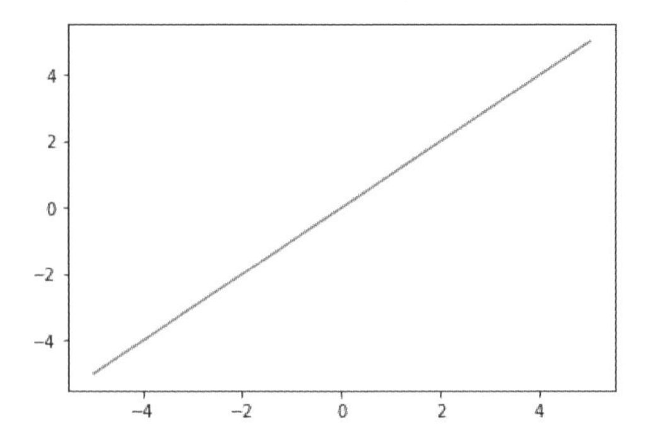

恒等関数は、ニューラルネットワークの出力層でしばしば使われます。

3.3.5 ソフトマックス関数

ソフトマックス関数は、ニューラルネットワークで分類を行う際に適した活性化関数で、ここまで扱ってきた他の活性化関数と比べて少々トリッキーな数式で表します。

活性化関数の出力をy、入力をxとし、同じ層のニューロンの数をnとするとソフトマックス関数は次のページの式で表されます。

$$y = \frac{\exp(x)}{\sum_{k=1}^{n} \exp(x_k)}$$ 式3.1

この式で、右辺の分母 $\sum_{k=1}^{n} \exp(x_k)$ は、同じ層の各ニューロンの活性化関数への入力 x_k から $\exp(x_k)$ を計算し足し合わせたものです。

また、次の関係で表されるように、同じ層の全ての活性化関数の出力を足し合わせると1になります。

$$\sum_{l=1}^{n}\left(\frac{\exp(x_l)}{\sum_{k=1}^{n} \exp(x_k)}\right) = \frac{\sum_{l=1}^{n} \exp(x_l)}{\sum_{k=1}^{n} \exp(x_k)} = 1$$

これに加えて、ネイピア数のべき乗は常に0より大きいという性質があるので、$0 < y < 1$ となります。

このため、式3.1のソフトマックス関数は、ニューロンが対応する枠に分類される確率を表現することができます。

ソフトマックス関数は、PyTorchのnnを使って実装することができます。リスト3.20の例では2次元のTensorを入力としていますが、`dim=1`のようにしてソフトマックス関数で処理する方向を指定する必要があります。

リスト3.20 ソフトマックス関数

In

```
import torch
from torch import nn
import matplotlib.pylab as plt

m = nn.Softmax(dim=1)  # 各行でソフトマックス関数

x = torch.tensor([[1.0, 2.0, 3.0],
                  [3.0, 2.0, 1.0]])
y = m(x)

print(y)
```

Out

```
tensor([[0.0900, 0.2447, 0.6652],
        [0.6652, 0.2447, 0.0900]])
```

出力された全ての要素は0から1の範囲に収まっており、各行の合計は1となっています。ソフトマックス関数が機能していることが確認できますね。

以上のような様々な活性化関数を、層の種類や扱う問題によって使い分けることになります。

なお、活性化関数は リスト3.21 のように torch を使って実装することも可能です。

リスト3.21 torchを使った活性化関数の実装

In

```
import torch
import matplotlib.pylab as plt

x = torch.linspace(-5, 5, 50)
y = torch.sigmoid(x)

plt.plot(x, y)
plt.show()
```

Out

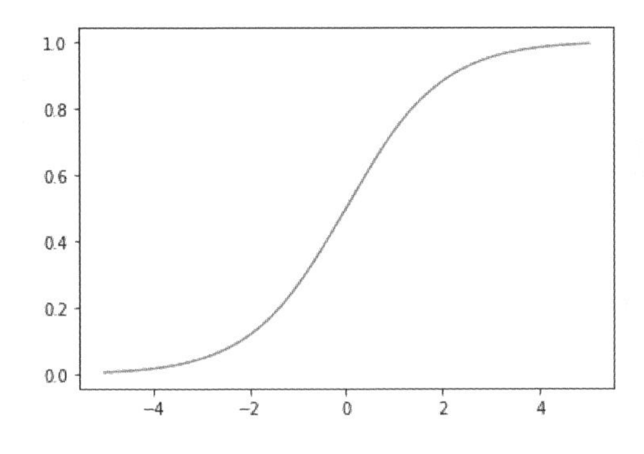

3.4 損失関数

損失関数（誤差関数）は、出力と正解の間の誤差を定義する関数です。損失関数には様々な種類がありますが、ここでは平均二乗誤差と交差エントロピー誤差、2つの損失関数を解説します。

3.4.1 平均二乗誤差

ニューラルネットワークには複数の出力があり、それと同じ数の正解があります。このイメージを 図3.5 に示します。

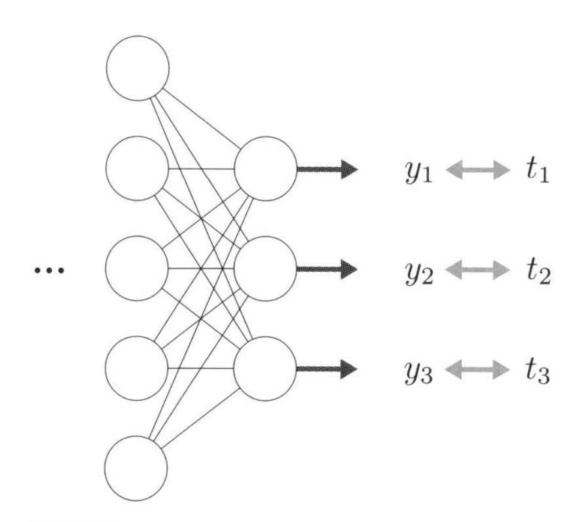

図3.5 出力と正解

この場合、y_1、y_2、y_3が出力で、t_1、t_2、t_3が正解です。

「平均二乗誤差」は、出力値と正解値の差を二乗し、全ての出力層のニューロンで平均をとることで定義される誤差です。

平均二乗誤差は、Eを誤差、nを出力層のニューロン数、y_kを出力層の各出力値、t_kを正解値として以下の式で表されます。

$$E = \frac{1}{n}\sum_{k=1}^{n}(y_k - t_k)^2$$

全ての出力層のニューロンでy_kとt_kの差を二乗し、平均をとっています。

平均二乗誤差のような損失関数を用いることで、ニューラルネットワークの出力がどの程度正解と一致しているかを定量化することができます。平均二乗誤差は、正解や出力が連続的な数値であるケースに向いています。

平均二乗誤差は、torch.nnのMSELoss()関数を使って実装することができます（リスト3.22）。

リスト3.22 平均二乗誤差

In

```
import torch
from torch import nn

y = torch.tensor([3.0, 3.0, 3.0, 3.0, 3.0])  # 出力
t = torch.tensor([2.0, 2.0, 2.0, 2.0, 2.0])  # 正解

loss_func = nn.MSELoss()  # 平均二乗誤差
loss = loss_func(y, t)
print(loss.item())
```

Out

```
1.0
```

リスト3.22のコードにおいて、出力yは3.0が5つの配列で、正解tは2.0が5つの配列です。これらの差の二乗の総和は5.0ですが、これを要素数の5で割って平均をとっているので、MSELoss()関数は1.0を返します。

平均二乗誤差が計算できていますね。正解と出力は、1.0程度離れていることになります。

3.4.2 交差エントロピー誤差

「交差エントロピー誤差」はニューラルネットワークで分類を行う際によく使用されます。交差エントロピー誤差は、以下のように出力y_kの自然対数と正解値t_kの積の総和を、マイナスにしたもので表されます。

$$E = -\sum_{k}^{n} t_k \log(y_k)$$

ニューラルネットワークで分類を行う際は、正解に1が1つで残りが0の「one-hot表現」（例：0, 1, 0, 0, 0）がよく使われます。上記の式では、右辺のシグマ内でt_kが1の項のみが残り、t_kが0の項は消えることになります。

交差エントロピー誤差は、torch.nnのCrossEntropyLoss()関数を使ってよく実装されますが、これは前節で解説したソフトマックス関数と交差エントロピー誤差が一緒になっており、これらを続けて計算します。この際の正解にはone-hot表現が使われますが、1の位置をインデックスで指定します(リスト3.23)。

リスト3.23 ソフトマックス関数＋交差エントロピー誤差

In

```
import torch
from torch import nn

# ソフトマックス関数への入力
x = torch.tensor([[1.0, 2.0, 3.0],  # 入力1
                  [3.0, 1.0, 2.0]])  # 入力2
# 正解（one-hot表現における1の位置）
t = torch.tensor([2,  # 入力1に対応する正解
                  0])  # 入力2に対応する正解

loss_func = nn.CrossEntropyLoss()  # ソフトマックス関数 + ➡
交差エントロピー誤差
loss = loss_func(x, t)
print(loss.item())
```

Out

```
0.40760600566864014
```

この場合、正解と出力は、0.4程度離れていることになります。

以上のようにして、ニューラルネットワークの出力と正解の間に誤差を定義することができます。このような誤差を最小化するように、学習するパラメータが調整されていくことになります。

3.5 最適化アルゴリズム

「最適化アリゴリズム」（Optimizer）は、誤差を最小化するための具体的なアルゴリズムです。各パラメータをその勾配を使って少しずつ調整し、誤差が最小になるようにネットワークを最適化します。
これまでに様々な最適化アルゴリズムが考案されてきましたが、PyTorchではoptimを使ってこれらを簡単に実装することができます。

3.5.1 勾配と勾配降下法

最適化アルゴリズムでは、誤差を最小化するために「勾配」を頼りにします。勾配とは、あるパラメータを変化させた場合誤差がどれだけ変化するか、その程度を表す値です。多数のパラメータのうちの1つをwとし、誤差をEとした場合、勾配は以下の式で表されます。

$$\frac{\partial E}{\partial w}$$

この式では、Eをwで「偏微分」しています。∂は偏微分を表す記号です。この場合、wのみが微小変化した時、Eがどれだけ変化するか、その変化の割合（=勾配）を偏微分の形で表しています。勾配を計算するためにはバックプロパゲーションが必要なのですが、本書ではその具体的なアルゴリズムは解説しません。

PyTorchではこの勾配を自動で計算することができますが、こちらについても本書では解説しません。

「勾配降下法」（gradient descent）は、この勾配を使って、最小値に向かって降下するようにパラメータを変化させるアルゴリズムです。最適化アルゴリズムは、この勾配降下法をベースにしています。

勾配降下法のイメージを図3.6に示します。

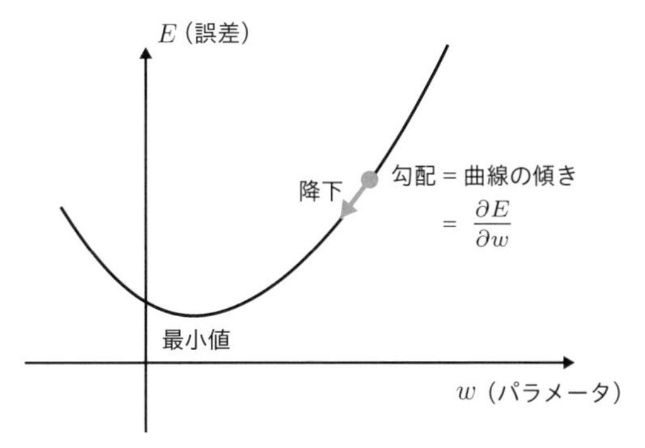

図3.6 勾配降下法

このグラフで、横軸のwがあるパラメータ、縦軸のEが誤差です。Eを最小化するために、wを坂道を滑り落ちるように少しずつ調整していきます。この図の曲線はシンプルな形状ですが、実際はもっと複雑で曲線の形状を知ることはたいていできません。従って、足元の曲線の傾き（＝勾配）に応じて少しずつ重みを修正していく、という戦略がとられます。

ネットワークの全てのパラメータを、このように曲線を降下するように少しずつ修正していけば、誤差を次第に小さくしていくことができます。

3.5.2 最適化アルゴリズムの概要

「最適化アルゴリズム」（Optimizer）は、パラメータを調整し誤差を最小化するための具体的なアルゴリズムです。例えるなら、目をつぶったまま歩いて谷底を目指すための戦略です。何も見えないので、足元の傾斜のみが頼りです。

以下は、その際に考慮すべき要素の例です。

- 足元の傾斜
- それまでの経路
- 経過時間

etc...

戦略を誤ると、局所的な凹みに囚われてしまうかもしれませんし、谷底にたどり着くまで時間がかかりすぎてしまうかもしれません。

そのような意味で、効率的に最適解にたどり着くために最適化アルゴリズムの選択は重要です。これまでに、様々な最適化アルゴリズムが考案されていますが、今回はこのうち代表的なものをいくつか紹介します。

3.5.3 SGD

SGD（Stochastic gradient descent、確率的勾配降下法）は、以下の式で表されるシンプルな最適化アルゴリズムです。

$$w \leftarrow w - \eta \frac{\partial E}{\partial w}$$

wがあるパラメータで、Eが誤差です。ηは「学習係数」と呼ばれる定数で、学習の速度を決定します。

学習係数と勾配をかけてシンプルに更新量が決まるので、実装が簡単なのがメリットです。ただ、学習の進行具合に応じて柔軟に更新量の調整ができないのが問題点です。

PyTorchでは、以下のように`optim`を使ってSGDを実装することができます。

```
from torch import optim

optimizer = optim.SGD(...
```

3.5.4 Momentum

「Momentum」は、SGDにいわゆる「慣性」の項を加えた最適化アルゴリズムです。

以下は、Momentumによるパラメータwの更新式です。

$$w \leftarrow w - \eta \frac{\partial E}{\partial w} + \alpha \Delta w$$

この式において、αは慣性の強さを決める定数で、Δwは前回の更新量です。慣性項$\alpha \Delta w$により、新たな更新量は過去の更新量の影響を受けるようになります。

これにより、更新量の急激な変化が防がれ、パラメータの更新はよりなめらかになります。一方、SGDと比較して設定が必要な定数がη、αと2つに増えるので、これらの調整に手間がかかる、という問題点も生じます。

PyTorchでは、次のページのようにSDGの引数にMomentumのパラメータを指定することで実装することができます。

```
from torch import optim

optimizer = optim.SGD(..., momentum=0.9)
```

3.5.5 AdaGrad

「AdaGrad」は、更新量が自動的に調整されるのが特徴です。学習が進むと、学習率が次第に小さくなっていきます。

以下は、AdaGradによるパラメータwの更新式です。

$$h \leftarrow h + (\frac{\partial E}{\partial w})^2$$

$$w \leftarrow w - \eta \frac{1}{\sqrt{h}} \frac{\partial E}{\partial w}$$

この式では、更新のたびにhが必ず増加します。このhは上記の下の式の分母にあるので、パラメータの更新を重ねると必ず減少していくことになります。総更新量が少ないパラメータは新たな更新量が大きくなり、総更新量が多いパラメータは新たな更新量が小さくなります。これにより、広い領域から次第に探索範囲を絞る、効率のいい探索が可能になります。

AdaGradには調整する必要がある定数がηしかないので、最適化に悩まずに済むというメリットがあります。AdaGradのデメリットは、更新量が常に減少するので、途中で更新量がほぼ0になってしまい学習が進まなくなるパラメータが多数生じてしまう可能性がある点です。

PyTorchでは、以下のように`optim`を使ってAdaGradを実装することができます。

```
from torch import optim

optimizer = optim.Adagrad(...
```

3.5.6 RMSProp

「RMSProp」では、AdaGradの更新量の低下により学習が停滞するという問題が克服されています。

以下は、RMSPropによるパラメータwの更新式です。

$$h \leftarrow \rho h + (1-\rho)(\frac{\partial E}{\partial w})^2$$

$$w \leftarrow w - \eta \frac{1}{\sqrt{h}} \frac{\partial E}{\partial w}$$

ρにより、過去のhをある割合で「忘却」します。これにより、更新量が低下したパラメータでも再び学習が進むようになります。

PyTorchでは、以下のように`optim`を使ってRMSPropを実装することができます。

```
from torch import optim

optimizer = optim.RMSprop(...
```

3.5.7 Adam

「Adam」(Adaptive moment estimation)は様々な最適化アルゴリズムの良い点を併せ持ちます。そのため、しばしば他のアルゴリズムよりも高い性能を発揮することがあります。

次のページは、Adamによるパラメータwの更新式です。

$$m_0 = v_0 = 0$$

$$m_t = \beta_1 m_{t-1} + (1 - \beta_1)\frac{\partial E}{\partial w}$$

$$v_t = \beta_2 v_{t-1} + (1 - \beta_2)(\frac{\partial E}{\partial w})^2$$

$$\hat{m_t} = \frac{m_t}{1 - \beta_1^t}$$

$$\hat{v_t} = \frac{v_t}{1 - \beta_2^t}$$

$$w \leftarrow w - \eta\frac{\hat{m_t}}{\sqrt{\hat{v_t}} + \epsilon}$$

定数には、β_1、β_2、η、ϵの4つがあります。tはパラメータの更新回数です。

大まかにですが、MomentumとAdaGradを統合したようなアルゴリズムとなっています。定数の数が多いですが、元の論文には推奨パラメータが記載されています。

- **Adam：A Method for Stochastic Optimization**
  URL https://arxiv.org/abs/1412.6980

少々複雑な式ですが、PyTorchのoptimを使えば以下のように簡単に実装することができます。

```
from torch import optim

optimizer = optim.Adam(...
```

PyTorchは他にも様々な最適化アルゴリズムを用意しています。興味のある方は、以下の公式ドキュメントをぜひ読んでみてください。

- **PyTorch｜Algorithms**
  URL https://pytorch.org/docs/stable/optim.html#algorithms

3.6 エポックとバッチ

訓練データを扱う際に重要なエポックとバッチの概念について解説します。

3.6.1 エポックとバッチ

訓練データを1回使い切って学習することを、1「エポック」(epoch) と数えます。1エポックで、訓練データを重複することなく全て一通り使うことになります。

訓練データのサンプル(入力と正解のペア)は複数をグループにまとめて一度の学習に使われます。このグループのことを「バッチ」(batch) といいます。一度の学習には順伝播、逆伝播、パラメータの更新が行われますが、これらはバッチごとに実行されます。訓練データは、1エポックごとにランダムに複数のバッチに分割されます。

訓練データとバッチの関係を、図3.7に示します。

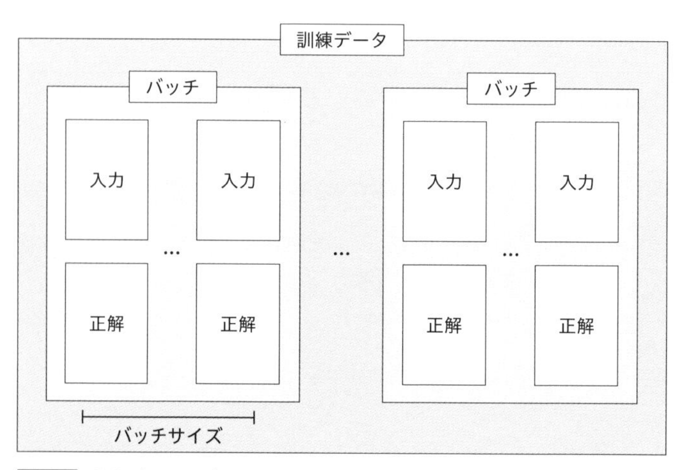

図3.7 訓練データとバッチ

バッチに含まれるサンプル数のことを、「バッチサイズ」といいます。学習時は、バッチ内の全てのサンプルを一度に使用して勾配を計算し、パラメータの更新が行われます。バッチサイズはハイパーパラメータの一種で、基本的に学習中ずっと一定です。

このバッチサイズにより、学習のタイプは以降解説する3つに分けることができます。

3.6.2 バッチ学習

「バッチ学習」では、訓練データ全体が1つのバッチになります。すなわち、バッチサイズは全訓練データのサンプル数になります。1エポックごとに全訓練データを一度に使って順伝播、逆伝播、パラメータの更新を行い、学習が行われます。パラメータは、1エポックごとに更新されることになります。

一般的に、バッチ学習は安定しており、他の2つの学習タイプと比較して高速ですが、局所的な最適解に囚われやすいという欠点があります。

3.6.3 オンライン学習

「オンライン学習」では、バッチサイズが1になります。すなわち、サンプルごとに順伝播、逆伝播、パラメータの更新を行い、学習が行われます。個々のサンプルごとに、重みとバイアスが更新されます。

個々のサンプルのデータに振り回されるため安定性には欠けますが、かえって局所最適解に囚われにくくなるというメリットがあります。

このチャプターでここまで解説してきた勾配の求め方はオンライン学習のものですが、勾配をバッチ内で合計すればバッチ学習やミニバッチ学習にも適用可能です。

3.6.4 ミニバッチ学習

「ミニバッチ学習」では、訓練データを小さなバッチに分割し、この小さなバッチごとに学習を行います。バッチ学習よりもバッチのサイズが小さく、バッチは通常ランダムに選択されるため、バッチ学習と比較して局所的な最適解に囚われにくいというメリットがあります。

また、オンライン学習よりはバッチサイズが大きいので、おかしな方向に学習が進むリスクを低減できます。

深層学習において最も一般的に行われているのは、このミニバッチ学習です。

3.6.5 学習の例

訓練データのサンプル数が10000とします。このサンプルを全て使い切ると1エポックになります。

バッチ学習の場合、バッチサイズは10000で、1エポックあたり1回パラメータが更新されます。

オンライン学習の場合、バッチサイズは1で、1エポックあたり10000回パラメータの更新が行われます。

ミニバッチ学習の場合、バッチサイズを例えば50に設定すると、1エポックあたり200回パラメータ更新が行われます。

ミニバッチ学習において、バッチサイズが学習時間やパフォーマンスに少なくない影響を与えることは経験的に知られていますが、バッチサイズの最適化はなかなか難しい問題です。

3.7 シンプルな深層学習の実装

本チャプターのここまでの内容を踏まえて、PyTorchによる簡単な深層学習を実装しましょう。
今回は、深層学習により手書き文字の認識を行います。学習に時間がかからないように、小さいデータセットを使います。

3.7.1 手書き文字画像の確認

「scikit-learn」というライブラリから、手書き数字の画像データを読み込んで表示します。画像サイズは8×8（ピクセル）で、モノクロです（リスト3.24）。

リスト3.24 手書き文字画像

In

```
import matplotlib.pyplot as plt
from sklearn import datasets

digits_data = datasets.load_digits()

n_img = 10  # 表示する画像の数
plt.figure(figsize=(10, 4))
for i in range(n_img):
    ax = plt.subplot(2, 5, i+1)
    ax.imshow(digits_data.data[i].reshape(8, 8), ➡
cmap="Greys_r")
    ax.get_xaxis().set_visible(False)  # 軸を非表示に
    ax.get_yaxis().set_visible(False)
plt.show()

print("データの形状:", digits_data.data.shape)
print("ラベル:", digits_data.target[:n_img])
```

Out

```
データの形状: (1797, 64)
ラベル: [0 1 2 3 4 5 6 7 8 9]
```

8×8（ピクセル）とサイズは小さいですが、0から9までの手書き数字の画像が表示されました。このような手書き数字の画像が、このデータセットには1797枚含まれています。

また、各画像は描かれた数字を表すラベルとペアになっています。今回は、このラベルを正解として使用します。

3.7.2 データを訓練用とテスト用に分割

scikit-learnのtrain_test_splitを使って、データを訓練用とテスト用に分割します。訓練データを使ってニューラルネットワークのモデルを訓練し、テストデータを使って訓練したモデルを検証します（リスト3.25）。

リスト3.25 データを訓練用とテスト用に分割する

In

```
import torch
from sklearn.model_selection import train_test_split

digit_images = digits_data.data
labels = digits_data.target
x_train, x_test, t_train, t_test = train_test_split➡
(digit_images, labels)  # 25%がテスト用

# Tensorに変換
x_train = torch.tensor(x_train, dtype=torch.float32)  ➡
# 入力: 訓練用
t_train = torch.tensor(t_train, dtype=torch.int64)  ➡
# 正解: 訓練用
x_test = torch.tensor(x_test, dtype=torch.float32)  ➡
```

```
# 入力：テスト用
t_test = torch.tensor(t_test, dtype=torch.int64) ➡
# 正解：テスト用
```

なお、入力と正解は、PyTorchではDataLoaderを使った方がより効率的に管理することができます。

3.7.3 モデルの構築

今回は、nnモジュールのSequentialクラスによりニューラルネットワークのモデルを構築します。初期値として、nnに定義されている層を入力に近い層から順番に並べます。

nn.Linear()はニューロンが隣接する層の全てのニューロンとつながる「全結合層」で、以下のように記述します。

```
nn.Linear(層への入力数, 層のニューロン数)
```

また、nnでは活性化関数を層のように扱うことができます。nn.ReLU()を配置することで、活性化関数ReLUによる処理が行われます。

リスト3.26は、nn.Sequentialクラスを使ってモデルを構築するコードです。構築したモデルの中身は、print()で確認することができます。

リスト3.26 モデルの構築

In

```
from torch import nn

net = nn.Sequential(
    nn.Linear(64, 32),  # 全結合層
    nn.ReLU(),          # ReLU
    nn.Linear(32, 16),
    nn.ReLU(),
    nn.Linear(16, 10)
)
print(net)
```

Out

```
Sequential(
  (0): Linear(in_features=64, out_features=32, bias=True)
  (1): ReLU()
  (2): Linear(in_features=32, out_features=16, bias=True)
  (3): ReLU()
  (4): Linear(in_features=16, out_features=10, bias=True)
)
```

3つの全結合層の間に、活性化関数ReLUが挟まれています。最後の出力層のニューロン数は10ですが、これは分類する数字が0〜9なので10クラス分類になるためです。

3.7.4 学習

誤差を最小化するように、パラメータを何度も繰り返し調整します。今回は、損失関数にnn.CrossEntropyLoss()（ソフトマックス関数+交差エントロピー誤差）を、最適化アルゴリズムにSGDを設定します。

今回は訓練データを一度に使って学習するので、前節で解説した「バッチ学習」を行うことになります。

順伝播は訓練データ、テストデータ両者で行い誤差を計算します。逆伝播を行うのは、訓練データのみです（リスト3.27）。

リスト3.27 モデルの訓練

In

```
from torch import optim

# ソフトマックス関数 + 交差エントロピー誤差関数
loss_fnc = nn.CrossEntropyLoss()

# SGDモデルのパラメータを渡す
optimizer = optim.SGD(net.parameters(), lr=0.01) ➡
# 学習率は0.01

# 損失のログ
record_loss_train = []
record_loss_test = []
```

```
# 訓練データを1000回使う
for i in range(1000):

    # パラメータの勾配を0に
    optimizer.zero_grad()

    # 順伝播
    y_train = net(x_train)
    y_test = net(x_test)

    # 誤差を求めて記録する
    loss_train = loss_fnc(y_train, t_train)
    loss_test = loss_fnc(y_test, t_test)
    record_loss_train.append(loss_train.item())
    record_loss_test.append(loss_test.item())

    # 逆伝播（勾配を計算）
    loss_train.backward()

    # パラメータの更新
    optimizer.step()

    if i%100 == 0:  # 100回ごとに経過を表示
        print("Epoch:", i, "Loss_Train:",➡
 loss_train.item(), "Loss_Test:", loss_test.item())
```

Out

```
Epoch: 0 Loss_Train: 2.534149646759033 Loss_Test: ➡
2.556309223175049
Epoch: 100 Loss_Train: 1.1753290891647339 Loss_Test: ➡
1.2180031538009644
Epoch: 200 Loss_Train: 0.49746909737586975 Loss_Test: ➡
0.5735037326812744
Epoch: 300 Loss_Train: 0.298872709274292 Loss_Test: ➡
0.36660537123680115
Epoch: 400 Loss_Train: 0.21660597622394562 Loss_Test: ➡
0.27355384826660156
Epoch: 500 Loss_Train: 0.17001067101955414 Loss_Test: ➡
0.21926103532314
```

```
Epoch: 600 Loss_Train: 0.13987746834754944 Loss_Test: ➡
0.18468143045902252
Epoch: 700 Loss_Train: 0.11873806267976761 Loss_Test: ➡
0.16138221323490143
Epoch: 800 Loss_Train: 0.10301601886749268 Loss_Test: ➡
0.1444975733757019
Epoch: 900 Loss_Train: 0.09081365913152695 Loss_Test: ➡
0.13180334866046906
```

リスト3.27 のコードの、以下の箇所では順伝播の処理が行われます。

```
y_train = net(x_train)
y_test = net(x_test)
```

このように、PyTorchではモデルの変数名（この例ではnet）の右側の括弧に入力を渡すことで、順伝播の計算を行うことができます。

以下の箇所では、逆伝播の処理が行われます。

```
loss_train.backward()
```

誤差（この例ではloss_train）のbackward()メソッドにより、バックプロパゲーションが行われて全てのパラメータの勾配が計算されます。

そして、以下の記述により、最適化アルゴリズムに基づいて全てのパラメータが更新されます。

```
optimizer.step()
```

順伝播、逆伝播、そしてパラメータの更新を繰り返すことで、モデルは次第に適切な出力を返すように訓練されていきます。

3.7.5 誤差の推移

誤差の推移を確認します。訓練データ、テストデータの記録を、matplotlibを使ってグラフ表示します（リスト3.28）。

リスト3.28 誤差の推移

In

```
plt.plot(range(len(record_loss_train)), ➡
record_loss_train, label="Train")
plt.plot(range(len(record_loss_test)), ➡
record_loss_test, label="Test")
plt.legend()

plt.xlabel("Epochs")
plt.ylabel("Error")
plt.show()
```

Out

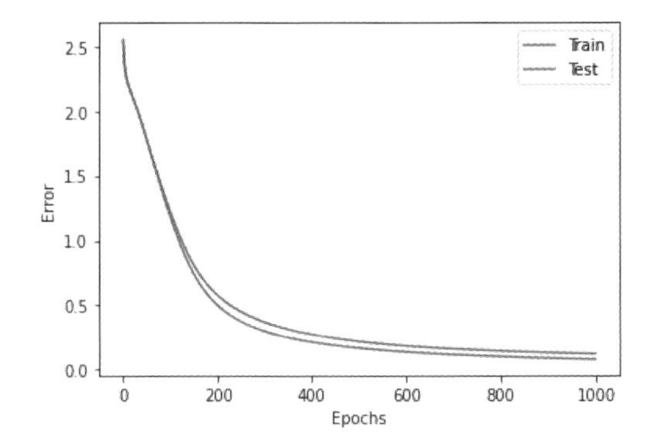

訓練データ、テストデータともに誤差がスムーズに減少した様子を確認できます。

3.7.6 正解率

モデルの性能を把握するため、テストデータを使い正解率を測定します（リスト3.29）。

リスト3.29 正解率の計算

In

```
y_test = net(x_test)
count = (y_test.argmax(1) == t_test).sum().item()
print("正解率:", str(count/len(y_test)*100) + "%")
```

Out

```
正解率: 96.88888888888889%
```

95%以上の高い正解率となりました。

3.7.7　訓練済みのモデルを使った予測

訓練済みのモデルを使ってみましょう。手書き文字画像を入力し、モデルが機能することを確かめます（リスト3.30）。

リスト3.30 訓練済みのモデルによる予測

In

```
# 入力画像
img_id = 0
x_pred = digit_images[img_id]
image = x_pred.reshape(8, 8)
plt.imshow(image, cmap="Greys_r")
plt.show()

x_pred = torch.tensor(x_pred, dtype=torch.float32)
y_pred = net(x_pred)
print("正解:", labels[img_id], "予測結果:", ➡
y_pred.argmax().item())
```

Out

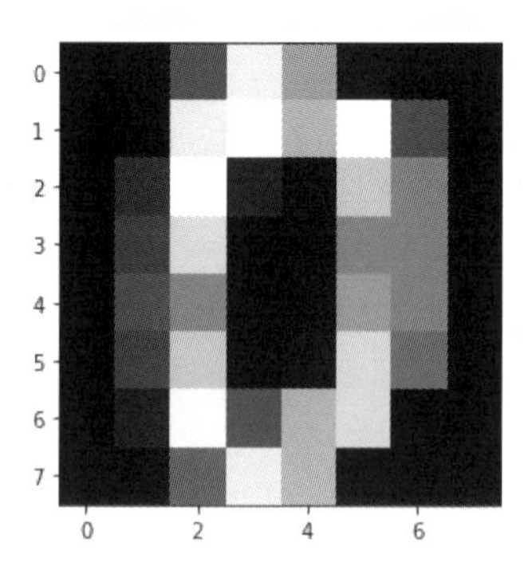


```
正解: 0 予測結果: 0
```

訓練済みのモデルは、入力画像を正しく分類できています。

このような訓練済みのモデルは、別途保存しWebアプリやモバイルアプリなどで活用することができます。

3.8 演習

Chapter3の演習です。
PyTorchを使ってモデルを構築し、最適化アルゴリズムを設定しましょう。

3.8.1 データを訓練用とテスト用に分割

リスト3.31 データを訓練用とテスト用に分割

In

```
import torch
from sklearn import datasets
from sklearn.model_selection import train_test_split

digits_data = datasets.load_digits()

digit_images = digits_data.data
labels = digits_data.target
x_train, x_test, t_train, t_test = train_test_➡
split(digit_images, labels)  # 25%がテスト用

# Tensorに変換
x_train = torch.tensor(x_train, dtype=torch.float32)
t_train = torch.tensor(t_train, dtype=torch.int64)
x_test = torch.tensor(x_test, dtype=torch.float32)
t_test = torch.tensor(t_test, dtype=torch.int64)
```

3.8.2 モデルの構築

nnモジュールのSequentialクラスを使い、print(net)で以下のように表示されるモデルを構築しましょう。

```
Sequential(
  (0): Linear(in_features=64, out_features=128, bias=True)
  (1): ReLU()
  (2): Linear(in_features=128, out_features=64, bias=True)
  (3): ReLU()
  (4): Linear(in_features=64, out_features=10, bias=True)
)
```

リスト3.32 モデルの構築

In

```
from torch import nn

net = nn.Sequential(
    # ------- ここからコードを記述 -------





    # ------- ここまで -------
)
print(net)
```

3.8.3 学習

モデルを訓練します。

最適化アルゴリズムの設定をしましょう。最適化アルゴリズムは、以下のページから好きなものを選択してください。

- PyTorch | TORCH.OPTIM
  URL https://pytorch.org/docs/stable/optim.html

リスト3.33 モデルの訓練

In

```
from torch import optim

# 交差エントロピー誤差関数
loss_fnc = nn.CrossEntropyLoss()

# 最適化アルゴリズム
optimizer =   # ←ここにコードを記述

# 損失のログ
record_loss_train = []
record_loss_test = []

# 1000エポック学習
for i in range(1000):

    # 勾配を0に
    optimizer.zero_grad()

    # 順伝播
    y_train = net(x_train)
    y_test = net(x_test)

    # 誤差を求める
    loss_train = loss_fnc(y_train, t_train)
    loss_test = loss_fnc(y_test, t_test)
    record_loss_train.append(loss_train.item())
    record_loss_test.append(loss_test.item())
```

```
    # 逆伝播
    loss_train.backward()

    # パラメータの更新
    optimizer.step()

    if i%100 == 0:
        print("Epoch:", i, "Loss_Train:", ➡
loss_train.item(), "Loss_Test:", loss_test.item())
```

3.8.4 誤差の推移

リスト3.34 誤差の推移

In

```
import matplotlib.pyplot as plt

plt.plot(range(len(record_loss_train)), ➡
record_loss_train, label="Train")
plt.plot(range(len(record_loss_test)), ➡
record_loss_test, label="Test")
plt.legend()

plt.xlabel("Epochs")
plt.ylabel("Error")
plt.show()
```

3.8.5 正解率

リスト3.35 正解率の計算

In

```
y_test = net(x_test)
count = (y_test.argmax(1) == t_test).sum().item()
print("正解率:", str(count/len(y_test)*100) + "%")
```

3.8.6 解答例

以下は解答例です。

モデルの構築

リスト3.36 解答例：モデルの構築

In

```
from torch import nn

net = nn.Sequential(
    # ------- ここからコードを記述 -------
    nn.Linear(64, 128),
    nn.ReLU(),
    nn.Linear(128, 64),
    nn.ReLU(),
    nn.Linear(64, 10)
    # ------- ここまで -------
)
print(net)
```

学習

リスト3.37 解答例：モデルの訓練

In

```
from torch import optim

# 交差エントロピー誤差関数
loss_fnc = nn.CrossEntropyLoss()

# 最適化アルゴリズム
optimizer = optim.Adam(net.parameters())  # ここにコードを記述

# 損失のログ
record_loss_train = []
record_loss_test = []
```

```
# 1000エポック学習
for i in range(1000):

    # 勾配を0に
    optimizer.zero_grad()

    # 順伝播
    y_train = net(x_train)
    y_test = net(x_test)

    # 誤差を求める
    loss_train = loss_fnc(y_train, t_train)
    loss_test = loss_fnc(y_test, t_test)
    record_loss_train.append(loss_train.item())
    record_loss_test.append(loss_test.item())

    # 逆伝播（勾配を求める）
    loss_train.backward()

    # パラメータの更新
    optimizer.step()

    if i%100 == 0:
        print("Epoch:", i, "Loss_Train:", ➡
loss_train.item(), "Loss_Test:", loss_test.item())
```

3.9 Chapter3のまとめ

本チャプターでは、Tensor、活性化関数、損失関数、最適化アルゴリズムについて学んだ上で、実際にPyTorchを使ってシンプルな深層学習を実装しました。構築して訓練したニューラルネットワークのモデルが、機能することを確認できたかと思います。

以降のチャプターでは、ここまでの内容をベースにBERTの実装に取り組みます。

Chapter 4 シンプルなBERTの実装

このチャプターでは、ライブラリTransformersを使いシンプルにBERTを実装します。本チャプターには以下の内容が含まれます。

- Transformersの概要
- Transformersの基礎
- シンプルなBERTの実装
- 演習

本チャプターは、使用するライブラリTransformersの概要の解説から始まりますが、その後TransformersによるBERTの実装をGoogle Colaboratory上で基礎から解説します。
その上で、BERTのモデルを使いシンプルなタスクに取り組みます。文章中の欠損した単語の予測、及び2つの文章が連続しているかどうかの判定を行います。
最後にこのチャプターの演習を行います。
チャプターの内容は以上になります。BERTをシンプルに実装し、PyTorch、Transformersを利用したBERT実装の最初の一歩としましょう。BERTの扱い方に、これから少しずつ慣れていきましょう。

4.1 Transformersの概要

本書でBERTの実装に使用するライブラリ、「Transformers」について概要を解説します。

4.1.1 Transformersとは？

ここでは、本書で使用する「Transformers」という自然言語処理のライブラリについて説明します。これはアメリカのHugging Faceの提供で、例えば分類、情報抽出、質問回答、要約、翻訳、あるいはテキスト生成などの様々な自然言語処理のための事前学習モデルが100以上の言語で用意されています。

そしてTransformersのもう1つの特徴は、最先端の自然言語処理技術が簡単に使用可能であることです。本書ではBERTを扱いますが、Transformersではもちろん BERTも使用可能です。

このTransformersですが、フレームワークPyTorchとTensorFlowの両方で利用可能です。本書では、PyTorchの方を利用します。

Transformersに関して、以下のHugging Faceの公式サイトにより詳しい解説があります。

- **Hugging Face | Transformers**
  URL　https://huggingface.co/docs/transformers/index

このサイトには、Transformersを使ってどのようなことができるのかが詳しく書かれています。また、最先端の自然言語処理のモデルの使い方が解説されています。BERTの他に「ALBERT」や「MobileBERT」、「GPT」シリーズなどもあります。Transformersは、このような様々な新しいアルゴリズムを気軽に試すことができるとても便利なライブラリです。

本書では、以降このライブラリを中心にBERTの実装を解説していきます。

4.1.2 Transformersを構成するクラス

それではここで、Transformersを構成する代表的なPythonのクラスを紹介します。

model classes

モデルの事前学習済みのパラメータを扱うクラス。

configuration classes

ハイパーパラメータなどモデルの設定を行うためのクラス。中間層のニューロンの数や、層の設定などをこのクラスを使って行います。

tokenizer classes

語彙の保持や、形態素解析（≒文章を単語に分割）などに関連するクラス。自然言語処理では多数の単語を扱いますが、文章を単語に分割したり、その単語の保持はこのクラスを使って行います。

4.1.3 BERTのモデル

Transformers内の、BERTのモデルに関連するクラスを以下に挙げます。

- BertForPreTraining

↓継承

- BertModel
- BertForMaskedLM
- BertForNextSentencePrediction
- BertForSequenceClassification
- BertForMultipleChoice
- BertForTokenClassification
- BertForQuestionAnswering

ベースとなるクラスに「BertForPreTraining」があります。PreTrainingという名前からわかる通り、事前学習済みのモデルを扱うクラスで、このクラスを継承したクラスが複数あります。

まずは「BertModel」です。これは特定のタスクに特化していない汎用的なBERTのモデルです。

「BertForMaskedLM」は文書の中の単語の一部にマスクを掛けて、それを予測するタスクに対応したモデルです。

「BertForNextSentencePrediction」はある文章の次に来た文章が、それが適切かどうか判別するタスクを扱うクラスです。

「BertForSequenceClassification」と「BertForMultipleChoice」は、文章を分類するタスクを扱い、「BertForTokenClassification」は単語の分類を扱います。

そして、「BertForQuestionAnswering」は質問と答えのペアを扱うモデルになります。

BERTの各モデルの詳細はTransformersの公式サイトに書かれていますので、興味ある方はぜひ読んでみてください。

● **BERT**

URL https://huggingface.co/transformers/model_doc/bert.html

4.2 Transformersの基礎

この節では、BERTの実装へ向けて自然言語処理ライブラリTransformersの基本的なコードを見ていきます。
ダウンロードした教材内の、この節に対応するノートブックを開いた上で、コードを実行しながら学んでいきましょう。
Transformersは以下の基本クラスを中心に構成されます。

- BertModel
- BertConfig
- BertTokenizer

本節では、これらのクラスに特に注目してBERTの構成を見ていきます。

4.2.1 ライブラリのインストール

まずは、Transformersをバージョンを指定してインストールします（リスト4.1）。

リスト4.1 Transformersのインストール

In

```
!pip install transformers==4.26.0
```

Out

```
Looking in indexes: https://pypi.org/simple, ➡
https://us-python.pkg.dev/colab-wheels/public/simple/
Collecting transformers==4.26.0
  Downloading transformers-4.26.0-py3-none-any.whl ➡
(6.3 MB)
     ━━━━━━━━━━━━━━━━━━━━━━━━━━━━━━━━━━━━━━━━━━━━━━━━━━➡
━━━━━━━━━━ 6.3/6.3 MB 30.5 MB/s eta 0:00:00
Collecting huggingface-hub<1.0,>=0.11.0
  Downloading huggingface_hub-0.12.0-py3-none-any.whl ➡
(190 kB)
━━━━━━━━━━━━━━━━━━━━━━━━━━━━━━━━━━━━━━━━━━━━━━━━━━━━━━━➡
━━ 190.3/190.3 KB 12.3 MB/s eta 0:00:00
Requirement already satisfied: packaging>=20.0 in ➡
```

```
/usr/local/lib/python3.8/dist-packages ➡
(from transformers==4.26.0) (21.3)
Requirement already satisfied: pyyaml>=5.1 in /usr/➡
local/lib/python3.8/dist-packages ➡
(from transformers==4.26.0) (6.0)
Collecting tokenizers!=0.11.3,<0.14,>=0.11.1
  Downloading tokenizers-0.13.2-cp38-cp38-manylinux_➡
2_17_x86_64.manylinux2014_x86_64.whl (7.6 MB)
     ────────────────────────────────────────────────➡
────────── 7.6/7.6 MB 62.7 MB/s eta 0:00:00
Requirement already satisfied: tqdm>=4.27 in /usr/➡
local/lib/python3.8/dist-packages ➡
(from transformers==4.26.0) (4.64.1)
Requirement already satisfied: filelock in /usr/➡
local/lib/python3.8/dist-packages ➡
(from transformers==4.26.0) (3.9.0)
Requirement already satisfied: regex!=2019.12.17 in ➡
/usr/local/lib/python3.8/dist-packages ➡
(from transformers==4.26.0) (2022.6.2)
Requirement already satisfied: requests in /usr/➡
local/lib/python3.8/dist-packages ➡
(from transformers==4.26.0) (2.25.1)
Requirement already satisfied: numpy>=1.17 in /usr/➡
local/lib/python3.8/dist-packages ➡
(from transformers==4.26.0) (1.21.6)
Requirement already satisfied: typing-extensions>=➡
3.7.4.3 in /usr/local/lib/python3.8/dist-packages ➡
(from huggingface-hub<1.0,>=0.11.0->transformers==➡
4.26.0) (4.4.0)
Requirement already satisfied: pyparsing!=3.0.5,>=➡
2.0.2 in /usr/local/lib/python3.8/dist-packages ➡
(from packaging>=20.0->transformers==4.26.0) (3.0.9)
Requirement already satisfied: idna<3,>=2.5 in /usr/➡
local/lib/python3.8/dist-packages ➡
(from requests->transformers==4.26.0) (2.10)
Requirement already satisfied: chardet<5,>=3.0.2 in ➡
/usr/local/lib/python3.8/dist-packages ➡
(from requests->transformers==4.26.0) (4.0.0)
Requirement already satisfied: urllib3<1.27,>=➡
1.21.1 in /usr/local/lib/python3.8/dist-packages ➡
```

```
(from requests->transformers==4.26.0) (1.24.3)
Requirement already satisfied: certifi>=2017.4.17 in ➡
/usr/local/lib/python3.8/dist-packages ➡
(from requests->transformers==4.26.0) (2022.12.7)
Installing collected packages: tokenizers, ➡
huggingface-hub, transformers
Successfully installed huggingface-hub-0.12.0 ➡
tokenizers-0.13.2 transformers-4.26.0
```

4.2.2 Transformersのモデル：文章の一部をMask

Transformersには、様々な訓練済みのモデルを扱うクラスが用意されています。

今回は、文章の一部をMaskする問題、`BertForMaskedLM`のモデルを読み込んで、その構成を表示します。

- **BertForMaskedLM**
  URL https://huggingface.co/docs/transformers/v4.26.0/en/model_doc/bert#transformers.BertForMaskedLM

リスト4.2 のコードでは、まずTransformersからBertForMaskedLMをインポートしています。そして、このBertForMaskedLMのクラスメソッドの`from_pretrained()`を使い「bert-base-uncased」を指定して訓練済みパラメータを読み込みます。

BERTのモデルにはbaseとlargeがあるのですが、今回はサイズが小さいbaseの方を使います。uncasedというのは全て小文字という意味で、全て小文字で訓練したモデルを今回読み込むことになります。

以下のコードを実行すると、モデルのダウンロードが始まります。ダウンロードの完了後、読み込んだモデルを表示します。

リスト4.2 BertForMaskedLMの読み込み

In

```
from transformers import BertForMaskedLM

msk_model = BertForMaskedLM.from_pretrained➡
("bert-base-uncased")  # 訓練済みパラメータの読み込み
print(msk_model)
```

Out

```
Downloading (…)lve/main/config.json:     ➡
100% ██████████ 570/570 [00:00<00:00, 7.51kB/s]
Downloading (…)"pytorch_model.bin";: 100% ██████████ ➡
440M/440M [00:04<00:00, 47.1MB/s]
Some weights of the model checkpoint at bert-base-➡
uncased were not used when initializing ➡
BertForMaskedLM: ['cls.seq_relationship.bias', ➡
'cls.seq_relationship.weight']
- This IS expected if you are initializing ➡
BertForMaskedLM from the checkpoint of a model trained ➡
on another task or with another architecture ➡
(e.g. initializing a BertForSequenceClassification ➡
model from a BertForPreTraining model).
- This IS NOT expected if you are initializing ➡
BertForMaskedLM from the checkpoint of a model that you ➡
expect to be exactly identical (initializing ➡
a BertForSequenceClassification model from ➡
a BertForSequenceClassification model).
BertForMaskedLM(
  (bert): BertModel(
    (embeddings): BertEmbeddings(
      (word_embeddings): Embedding(30522, 768, ➡
padding_idx=0)
      (position_embeddings): Embedding(512, 768)
      (token_type_embeddings): Embedding(2, 768)
      (LayerNorm): LayerNorm((768,), eps=1e-12, ➡
elementwise_affine=True)
      (dropout): Dropout(p=0.1, inplace=False)
    )
    (encoder): BertEncoder(
      (layer): ModuleList(
        (0-11): 12 x BertLayer(
          (attention): BertAttention(
            (self): BertSelfAttention(
              (query): Linear(in_features=768, ➡
out_features=768, bias=True)
              (key): Linear(in_features=768, ➡
out_features=768, bias=True)
              (value): Linear(in_features=768, ➡
```

```
out_features=768, bias=True)
              (dropout): Dropout(p=0.1, inplace=False)
            )
            (output): BertSelfOutput(
              (dense): Linear(in_features=768, ➡
out_features=768, bias=True)
              (LayerNorm): LayerNorm((768,), ➡
eps=1e-12, elementwise_affine=True)
              (dropout): Dropout(p=0.1, inplace=False)
            )
          )
          (intermediate): BertIntermediate(
            (dense): Linear(in_features=768, ➡
out_features=3072, bias=True)
            (intermediate_act_fn): GELUActivation()
          )
          (output): BertOutput(
            (dense): Linear(in_features=3072, ➡
out_features=768, bias=True)
            (LayerNorm): LayerNorm((768,), ➡
eps=1e-12, elementwise_affine=True)
            (dropout): Dropout(p=0.1, inplace=False)
          )
        )
      )
    )
  )
  (cls): BertOnlyMLMHead(
    (predictions): BertLMPredictionHead(
      (transform): BertPredictionHeadTransform(
        (dense): Linear(in_features=768, ➡
out_features=768, bias=True)
        (transform_act_fn): GELUActivation()
        (LayerNorm): LayerNorm((768,), ➡
eps=1e-12, elementwise_affine=True)
      )
      (decoder): Linear(in_features=768, ➡
out_features=30522, bias=True)
    )
  )
)
```

それでは、モデルの構成を見ていきましょう。

BertForMaskedLMクラスには、入力の特徴を抽出するBertModelと、分類を行うBertOnlyMLMHeadが含まれています。

```
BertForMaskedLM(
  (bert): BertModel(
      ...
  )
  (cls): BertOnlyMLMHead(
      ...
  )
)
```

BertModelには、単語を埋め込みベクトル（分散表現）に変換するBertEmbeddingsと、BERTのEncoderに相当するBertEncoderが含まれます。

```
(bert): BertModel(
   (embeddings): BertEmbeddings(
       ...
   )
   (encoder): BertEncoder(
       ...
   )
```

Encoderで入力の特徴が抽出されることになりますが、この中には全部で12のBertLayerがあります。各レイヤー（層）に0から11までの番号が付いています。

```
(encoder): BertEncoder(
  (layer): ModuleList(
    (0-11): 12 x BertLayer(
      ...
    )
  )
)
```

各BertLayerの中にはBertAttentionとBertIntermediate、BertOutputがあります。BertAttentionで特徴量を抽出して、BertIntermediateでそれを膨らませてBertOutputで最後に形を整えることになりますが、詳しくは次の**Chapter5**で解説します。

最後に分類を行うBertOnlyMLMHeadの部分があります。ここはこのタスクに特化した部分で、これより上の箇所は全てのタスクで共通になります。

```
  (cls): BertOnlyMLMHead(
     (predictions): BertLMPredictionHead(
       (transform): BertPredictionHeadTransform(
         (dense): Linear(in_features=768, out_features=➡
768, bias=True)
         (transform_act_fn): GELUActivation()
         (LayerNorm): LayerNorm((768,), eps=1e-12, ➡
elementwise_affine=True)
       )
       (decoder): Linear(in_features=768, ➡
out_features=30522, bias=True)
     )
   )
```

BertOnlyMLMHeadは、全結合層であるdenseや、活性化関数であるGELU Activation、データの偏りを無くすためのLayerNormで構成されています。

最後の全結合の出力ですが、out_featuresが30522になっています。これは、このモデルで扱う単語の数です。最終的に、単語の数である30522クラスに分類する問題を扱っていることがわかります。

4.2.3 Transformersのモデル：文章の分類

それでは、他の問題を扱うモデルを見ていきましょう。

文章を分類する問題、`BertForSequenceClassification`のモデルを読み込んで、その構成を表示します。

- **BertForSequenceClassification**
  URL https://huggingface.co/docs/transformers/v4.26.0/en/model_doc/bert#transformers.BertForSequenceClassification

リスト4.3のコードでは、まずTransformersからBertForSequenceClassificationをインポートしています。

そして、このBertForSequenceClassificationのクラスメソッドの`from_pretrained()`を使い「bert-base-uncased」を指定して訓練済みパラメータを読み込みます。

リスト4.3のコードを実行すると、モデルのダウンロードが始まります。ダウンロードの完了後、読み込んだモデルを表示します。

リスト4.3 BertForSequenceClassificationの読み込み

In

```
from transformers import BertForSequenceClassification

sc_model = BertForSequenceClassification.➡
from_pretrained("bert-base-uncased")  # 訓練済みパラメータの➡
読み込み
print(sc_model)
```

Out

```
Some weights of the model checkpoint at ➡
bert-base-uncased were not used when initializing ➡
BertForSequenceClassification: ['cls.predictions.➡
decoder.weight', 'cls.seq_relationship.weight', ➡
'cls.predictions.transform.dense.weight', ➡
'cls.predictions.transform.dense.bias', ➡
'cls.predictions.transform.LayerNorm.bias', ➡
'cls.predictions.bias', 'cls.predictions.transform.➡
LayerNorm.weight', 'cls.seq_relationship.bias']
- This IS expected if you are initializing ➡
BertForSequenceClassification from the checkpoint of a ➡
model trained on another task or with another ➡
architecture (e.g. initializing ➡
a BertForSequenceClassification model from ➡
a BertForPreTraining model).
- This IS NOT expected if you are initializing ➡
BertForSequenceClassification from the checkpoint of ➡
a model that you expect to be exactly identical ➡
(initializing a BertForSequenceClassification model ➡
from a BertForSequenceClassification model).
Some weights of BertForSequenceClassification were not ➡
initialized from the model checkpoint at ➡
bert-base-uncased and are newly initialized: ➡
```

```
['classifier.bias', 'classifier.weight']
You should probably TRAIN this model on a down-stream ➡
task to be able to use it for predictions and inference.
BertForSequenceClassification(
  (bert): BertModel(
    (embeddings): BertEmbeddings(
      (word_embeddings): Embedding(30522, 768, ➡
padding_idx=0)
      (position_embeddings): Embedding(512, 768)
      (token_type_embeddings): Embedding(2, 768)
      (LayerNorm): LayerNorm((768,), eps=1e-12, ➡
elementwise_affine=True)
      (dropout): Dropout(p=0.1, inplace=False)
    )
    (encoder): BertEncoder(
      (layer): ModuleList(
        (0-11): 12 x BertLayer(
          (attention): BertAttention(
            (self): BertSelfAttention(
              (query): Linear(in_features=768, ➡
out_features=768, bias=True)
              (key): Linear(in_features=768, ➡
out_features=768, bias=True)
              (value): Linear(in_features=768, ➡
out_features=768, bias=True)
              (dropout): Dropout(p=0.1, inplace=False)
            )
            (output): BertSelfOutput(
              (dense): Linear(in_features=768, ➡
out_features=768, bias=True)
              (LayerNorm): LayerNorm((768,), ➡
eps=1e-12, elementwise_affine=True)
              (dropout): Dropout(p=0.1, inplace=False)
            )
          )
          (intermediate): BertIntermediate(
            (dense): Linear(in_features=768, ➡
out_features=3072, bias=True)
            (intermediate_act_fn): GELUActivation()
          )
```

```
            (output): BertOutput(
              (dense): Linear(in_features=3072, ➡
out_features=768, bias=True)
              (LayerNorm): LayerNorm((768,), eps=1e-12, ➡
elementwise_affine=True)
              (dropout): Dropout(p=0.1, inplace=False)
            )
          )
        )
      )
      (pooler): BertPooler(
        (dense): Linear(in_features=768, ➡
out_features=768, bias=True)
        (activation): Tanh()
      )
    )
    (dropout): Dropout(p=0.1, inplace=False)
    (classifier): Linear(in_features=768, ➡
out_features=2, bias=True)
)
```

今回は、BERTのベースの部分は読み込み済みなので処理は早く終わります。

ベースとなるBertModelの後に、ニューロンをランダムに無効化して頑強な学習を可能にするDropoutと、全結合層Linearが並んでいます。

```
BertForSequenceClassification(
  (bert): BertModel(
      ...
  )
  (dropout): Dropout(...
  (classifier): Linear(...
)
```

BertModelは、先ほどと同じくBertEmbeddingsとBertEncoderを持ち、BertEncoderでは12のBertLayerにより入力の特徴が抽出されます。

そして、今回は出力層のout_featuresが2なので、文章を2クラスに分類する問題であることがわかります。

このように、BERTは様々なタスクに柔軟に対応できる作りになっています。今回は大まかな解説に留めておきますが、よく詳しい解説は**Chapter5**で行います。

4.2.4 PreTrainedModelの継承

これまでに解説したBertForMaskedLMとBertForSequenceClassificationは、ベースとなるモデル、PreTrainedModelを継承しています。

- **PreTrainedModel**
  URL https://huggingface.co/docs/transformers/v4.26.0/en/main_classes/model#transformers.PreTrainedModel

また、PreTrainedModelは`nn.Module`クラスを継承しています。これは、PyTorchのモデルで一般的に継承するクラスになります。従って、BertForMaskedLMやBertForSequenceClassificationなどはPyTorchの通常のモデルとして使用することができます。一度設定してしまえば、あとはいつも通り扱うことが可能です。

4.2.5 BERTの設定

次は、BERTの設定について解説します。BertConfigクラスを使って、モデルの設定を行うことができます。

リスト4.4のコードでは、TransformersからBertConfigをインポートしています。今回も、`from_pretrained()`を使い「bert-base-uncased」を指定してBERTの設定を読み込んで表示します。

実行すると、セルの下にBERTの各設定が表示されます。

リスト4.4 BertConfigの読み込み

In

```
from transformers import BertConfig

config = BertConfig.from_pretrained("bert-base-uncased")
print(config)
```

Out

```
BertConfig {
  "architectures": [
    "BertForMaskedLM"
  ],
  "attention_probs_dropout_prob": 0.1,
  "classifier_dropout": null,
```

```
  "gradient_checkpointing": false,
  "hidden_act": "gelu",
  "hidden_dropout_prob": 0.1,
  "hidden_size": 768,
  "initializer_range": 0.02,
  "intermediate_size": 3072,
  "layer_norm_eps": 1e-12,
  "max_position_embeddings": 512,
  "model_type": "bert",
  "num_attention_heads": 12,
  "num_hidden_layers": 12,
  "pad_token_id": 0,
  "position_embedding_type": "absolute",
  "transformers_version": "4.26.0",
  "type_vocab_size": 2,
  "use_cache": true,
  "vocab_size": 30522
}
```

例えば、隠れ層のニューロンの数「hidden_size」は768に設定されています。また、単語の数「vocab_size」は「30522」に設定されています。このような、様々な設定がされていることを確認することができます。

その他様々な設定値がありますが、今の段階ではこのようなクラスがあるということを把握していただければそれで十分です。個々の設定値について詳しく知りたい方は、公式ドキュメントをぜひを読んでみてください。

- **BertConfig**
  URL https://huggingface.co/docs/transformers/v4.26.0/en/model_doc/bert#transformers.BertConfig

4.2.6 Tokenizer

最後にTokenizerです。BertTokenizerクラスを使って、訓練済みのデータに基づく形態素解析を行うことができます。

リスト4.5のコードは、まずTransformersからBertTokenizerをインポートしています。その上で、`from_pretrained()`関数を使い、「bert-base-uncased」を指定してTokenizerを読み込みます。

リスト4.5 BertTokenizerの読み込み

In

```
from transformers import BertTokenizer

tokenizer = BertTokenizer.from_pretrained➡
("bert-base-uncased")
```

Out

```
Downloading (…)solve/main/vocab.txt: 100% ➡
232k/232k [00:00<00:00, 1.79MB/s]
Downloading (…)okenizer_config.json: 100% ➡
28.0/28.0 [00:00<00:00, 1.33MB/s]
```

このTokenizerを使ってみましょう。リスト4.6のコードでは、変数textに適当な文章を入れています。この文章に対して、Tokenizerにより形態素解析を行います。

実行すると、セルの下に結果が表示されます。

リスト4.6 文章を単語ごとに分割する

In

```
text = "I have a pen. I have an apple."

words = tokenizer.tokenize(text)
print(words)
```

Out

```
['i', 'have', 'a', 'pen', '.', 'i', 'have', 'an', ➡
'apple', '.']
```

文章が単語ごとに分割されているのが確認できます。今回は英語の文章を単語に分割しましたが、日本語に対応したTokenizerを使えば、日本語の文章を単語に分割することも可能です。

本節では、BERTを構成する「model classes」、「configuration classes」、「tokenizer classes」について解説しました。次は、これらの3つのクラスを使って、簡単なBERTの実装を行います。

4.3 シンプルなBERTの実装

本節では、BERTを最小限のコードでシンプルに実装します。
訓練済みのモデルを使用し、以下の2つのタスクに取り組みます。

- 欠損した単語の予測：BertForMaskedLM
- 2つの文章が自然につながるかどうかの判定：BertForNextSentencePrediction

4.3.1 ライブラリのインストール

前節と同様に、まずはTransformersをインストールします（リスト4.7）。

リスト4.7 Transformersのインストール

In

```
!pip install transformers==4.26.0
```

Out

```
Looking in indexes: https://pypi.org/simple, ➡
https://us-python.pkg.dev/colab-wheels/public/simple/
Collecting transformers==4.26.0
  Downloading transformers-4.26.0-py3-none-any.whl ➡
(6.3 MB)
     ━━━━━━━━━━━━━━━━━━━━━━━━━━━━━━━━━━━━━━━━━━━━━━━━━━━━━━━━━━➡
━━━━━━━━━━ 6.3/6.3 MB 31.9 MB/s eta 0:00:00
Collecting huggingface-hub<1.0,>=0.11.0
  Downloading huggingface_hub-0.12.0-py3-none-any.whl ➡
(190 kB)
     ━━━━━━━━━━━━━━━━━━━━━━━━━━━━━━━━━━━━━━━━━━━━━━━━━━━━━━━━━━➡
━━━━━━━━━ 190.3/190.3 KB 9.7 MB/s eta 0:00:00
Requirement already satisfied: pyyaml>=5.1 in /usr/➡
local/lib/python3.8/dist-packages ➡
(from transformers==4.26.0) (6.0)
Requirement already satisfied: packaging>=20.0 in ➡
/usr/local/lib/python3.8/dist-packages ➡
(from transformers==4.26.0) (23.0)
```

```
Requirement already satisfied: filelock in /usr/➡
local/lib/python3.8/dist-packages ➡
(from transformers==4.26.0) (3.9.0)
Requirement already satisfied: tqdm>=4.27 in /usr/➡
local/lib/python3.8/dist-packages ➡
(from transformers==4.26.0) (4.64.1)
Requirement already satisfied: numpy>=1.17 in ➡
/usr/local/lib/python3.8/dist-packages ➡
(from transformers==4.26.0) (1.21.6)
Collecting tokenizers!=0.11.3,<0.14,>=0.11.1
  Downloading tokenizers-0.13.2-cp38-cp38-manylinux_➡
2_17_x86_64.manylinux2014_x86_64.whl (7.6 MB)
     ──────────────────────────────────────────────────➡
────────── 7.6/7.6 MB 19.9 MB/s eta 0:00:00
Requirement already satisfied: requests in ➡
/usr/local/lib/python3.8/dist-packages ➡
(from transformers==4.26.0) (2.25.1)
Requirement already satisfied: regex!=2019.12.17 in ➡
/usr/local/lib/python3.8/dist-packages ➡
(from transformers==4.26.0) (2022.6.2)
Requirement already satisfied: typing-extensions>=➡
3.7.4.3 in /usr/local/lib/python3.8/dist-packages ➡
(from huggingface-hub<1.0,>=0.11.0->transformers==➡
4.26.0) (4.4.0)
Requirement already satisfied: idna<3,>=2.5 in ➡
/usr/local/lib/python3.8/dist-packages ➡
(from requests->transformers==4.26.0) (2.10)
Requirement already satisfied: certifi>=2017.4.17 in ➡
/usr/local/lib/python3.8/dist-packages ➡
(from requests->transformers==4.26.0) (2022.12.7)
Requirement already satisfied: chardet<5,>=3.0.2 in ➡
/usr/local/lib/python3.8/dist-packages ➡
(from requests->transformers==4.26.0) (4.0.0)
Requirement already satisfied: urllib3<1.27,>=1.21.1 ➡
in /usr/local/lib/python3.8/dist-packages ➡
(from requests->transformers==4.26.0) (1.24.3)
Installing collected packages: tokenizers, ➡
huggingface-hub, transformers
Successfully installed huggingface-hub-0.12.0 ➡
tokenizers-0.13.2 transformers-4.26.0
```

4.3.2 欠損した単語の予測：BertForMaskedLM

一部の単語が欠損した文章の、欠損した単語をBERTのモデルにより予測します。文章における一部の単語をマスクして、マスクされた単語をBERTのモデルを使って予測します。

リスト4.8 のコードでは、まずPyTorch（torch）と、BertTokenizerをインポートし、Tokenizerを設定しています。

リスト4.8 BertTokenizerの読み込み

In

```
import torch
from transformers import BertTokenizer

tokenizer = BertTokenizer.from_pretrained➡
("bert-base-uncased")
```

Out

```
Downloading (…)solve/main/vocab.txt: 100% ➡
232k/232k [00:00<00:00, 684kB/s]
Downloading (…)okenizer_config.json: 100% ➡
28.0/28.0 [00:00<00:00, 225B/s]
Downloading (…)lve/main/config.json: 100% ➡
570/570 [00:00<00:00, 9.31kB/s]
```

なお、本節ではBertModelとBertTokenizerは使いますが、BertConfigは使いません。BertConfigは独自の設定を行う際に使いますが、今回は独自設定を行わないので、BertModelとBertTokenizerのみ使用します。

今回は、「[CLS] I played baseball with my friends at school yesterday [SEP]」という文章を扱います。文章の先頭には [CLS] というトークンを入れて、文章の末尾には [SEP] というトークンを入れます。

この文章を、Tokenizerを使って単語に分割します。リスト4.9 のコードを実行すると、文章が単語に分割されます。

リスト4.9 文章を単語に分割する

In

```
text = "[CLS] I played baseball with my friends at ➡
school yesterday [SEP]"
```

```
words = tokenizer.tokenize(text)
print(words)
```

Out

```
['[CLS]', 'i', 'played', 'baseball', 'with', 'my', ➡
'friends', 'at', 'school', 'yesterday', '[SEP]']
```

単語ごとに分割されていて、トークン[CLS]と[SEP]も1つの単語として認識されているのが確認できます。

それでは、文章の一部をマスクします。

リスト4.10のコードでは、msk_idxを3に指定しています。これにより、先頭から数えた番号が3の場所を指定します。

0、1、2、3、...と番号を数えるので、「baseball」のところをマスクします。baseballという単語をトークン[MASK]に置き換えることになります。

このコードを実行すると、文章の一部がマスクされることになります。

リスト4.10 単語をトークン[MASK]に置き換える

In

```
msk_idx = 3
words[msk_idx] = "[MASK]"  # 単語を[MASK]に置き換える
print(words)
```

Out

```
['[CLS]', 'i', 'played', '[MASK]', 'with', 'my', ➡
'friends', 'at', 'school', 'yesterday', '[SEP]']
```

baseballがトークン[Mask]に置き換わったことが確認できました。

次は、単語を単語を表すIDに変換します。ここで使うのが、convert_tokens_to_ids()です。これにより、単語がユニークなIDに変換されます。

今回3万以上の単語を扱うのですが、その各単語にインデックスが振られます。リスト4.11のコードで、convert_tokens_to_ids()は、各単語がどのインデックスに対応するか、それを調べて単語をインデックスに変換します。

その上で、各単語IDをtorch.tensor()によりテンソルに変換します。PyTorchでデータを扱うためには、データをTensor型に変換する必要があるためです。この場合、PythonのリストがPyTorchのテンソルに変換されることになります。

リスト4.11 単語をインデックスに変換

In

```
word_ids = tokenizer.convert_tokens_to_ids(words) ➡
# 単語をインデックスに変換
word_tensor = torch.tensor([word_ids])  # テンソルに変換
print(word_tensor)
```

Out

```
tensor([[ 101, 1045, 2209,  103, 2007, 2026, 2814, ➡
2012, 2082, 7483,  102]])
```

リスト4.11のコードを実行した結果、単語を表すIDが並んだTensorが表示されました。「I」や「played」などの単語が、「1045」「2209」などの整数のIDで表されていることがわかります。文章を、IDの並びに変換できたことになります。

次に、BERTのモデルを使って予測を行います。

リスト4.12のコードでは、まずはBertForMaskedLMの学習済みのモデルを読み込みます。そして、今回学習を行いませんので、.eval()により評価モードにします。

リスト4.12 BertForMaskedLMの学習済みモデルを読み込む

In

```
from google.colab import output
from transformers import BertForMaskedLM

msk_model = BertForMaskedLM.from_pretrained➡
("bert-base-uncased")
msk_model.eval()  # 評価モード
output.clear()  # 出力を非表示に
```

また、先ほどのword_tensorを入力xとします（リスト4.13）。

このxを、モデルmsk_modelに渡して予測を行います。いわゆる順伝播がここで行われて、出力yを得ることができます。

この出力yはタプルの形式なので、ここで目的の値を得るためにはインデックス0を指定して取り出す必要があります。

そして得られた結果、resultの形状を一旦ここで表示します。

リスト4.13 学習済みモデルを使って予測する

In

```
x = word_tensor  # 入力
y = msk_model(x)  # 予測
result = y[0]
print(result.size())  # 結果の形状
```

Out

```
torch.Size([1, 11, 30522])
```

Tensorresultの形状が表示されましたが、1がバッチサイズで、複数の文章を一度に処理する場合は2以上の値になります。また、11が文章中の単語の数で、30522がモデルで扱う単語の数です。

それでは、可能性の高い単語を取得しましょう。リスト4.14のコードでは、torch.topk()を使い、最も可能性の高い単語を5つ取得します。msk_idxでマスクされた単語のインデックスを指定し、k=5で最も大きい5つの値を取得することになります。

resultには複数の文章の結果が含まれることがあるので、目的の文章の結果を取り出すために、ここで0のインデックスを指定しています。

torch.topk()の結果は、変数_とmax_idsですが、_（アンダースコア）には最も大きな値そのものが入ります。ただ、これは今回使わないので_に設定しています。

このようにして、最も大きい5つの値のインデックスを取り出すことができます。

次は、インデックスを単語に変換しますね。max_idsをtolist()でリストに変換した上で、tokenizer.convert_ids_to_tokens()により単語に変換します。その上で、これらの単語を表示します。

リスト4.14 予測結果の表示

In

```
_, max_ids = torch.topk(result[0][msk_idx], k=5) ➡
# 最も大きい5つの値
result_words = tokenizer.convert_ids_to_tokens➡
(max_ids.tolist())  # インデックスを単語に変換
print(result_words)
```

Out

```
['basketball', 'football', 'soccer', 'baseball', 'tennis']
```

リスト4.14のコードを実行すると、結果が表示されます。

マスクされた箇所に最も来そうな単語は、なんと「basketball」になってしまいました。もちろん、正解は「baseball」です。basketballの後には「football」が来て、「soccer」、「baseball」、「tennis」と続いています。

正解は4番目になりましたが、これはモデルの訓練にアメリカの文章が使われているためなのではないでしょうか。

アメリカで学校で友達と一緒に遊ぶスポーツといったら、やはりバスケットボールがメジャーかと思われます。日本の文章を訓練データに使えば、baseballが1位になるかもしれませんね。

以上のようにして、マスクされた単語が何であるか、それを当てるBERTのモデルを使うことができます。

4.3.3 文章が連続しているかどうかの判定：BertForNextSentencePrediction

それでは、次の問題に取り組んでみましょう。BERTのモデルを使って、2つの文章が連続しているかどうかの判定を行います。

まずは、前節で解説した「BertForNextSentencePrediction」を読み込み、評価モードに設定します（リスト4.15）。

リスト4.15 BertForNextSentencePredictionの学習済みモデルを読み込む

In

```
from transformers import BertForNextSentencePrediction

nsp_model = BertForNextSentencePrediction.➡
from_pretrained("bert-base-uncased")
nsp_model.eval()  # 評価モード
output.clear()  # 出力を非表示に
```

リスト4.16の関数show_continuityは、2つの文章の連続性を判定します。この関数は、どの程度連続した文章なのか、確率で表します。

リスト4.16 文章の連続性を判定する関数

In

```
def show_continuity(text1, text2):
    # トークナイズ
    tokenized = tokenizer(text1, text2, ➡
return_tensors="pt")
    print("Tokenized:", tokenized)

    # 予測と結果の表示
    y = nsp_model(**tokenized)  # 予測
    print("Result:", y)
    pred = torch.softmax(y.logits, dim=1)  # Softmax関数➡
で確率に変換
    print(str(pred[0][0].item()*100) + "%の確率で連続して➡
います。")
```

この関数は2つの文章text1とtext2を受け取ります。

そして、この関数の中では、受け取った2つの文章をトークナイズします。この場合、torkenizerに直接2つの文章を渡して一度にトークナイズしますが、単語の分割とIDへの変換が一度に行われます。return_tensors="pt"と設定することで、得られるデータはPyTorchのTensorになります。

ここで、print()によりトークナイズされたデータを表示します。

その後、予測と結果の表示を行います。まずは順伝播による予測を行いますが、その際にトークナイズされたデータtokenizedを渡します。このデータはPythonの辞書の形式なのですが、**を付けることで辞書のデータをそのまま引数として渡すことができます。

予測を行った結果y.logitsは、ソフトマックス関数を使って確率に変換します。その際に、dim=1と記述して確率に変換するデータの方向（次元）を指定します。dimについて、詳しくは以下の公式ドキュメントを参考にしてください。

- **PyTorch | Softmax**
  URL https://pytorch.org/docs/stable/generated/torch.nn.Softmax.html

その後、確率の値に100を掛けてパーセンテージで表示します。

それでは、このshow_continuity()関数に、自然につながる2つの文章を与えてみましょう。リスト4.17のコードでは、「What is baseball ?」と「It is a game of hitting the ball with the bat.」という2つの文章をshow_continuity()関数に渡しています。この2つの文章は、明らかに自然につながる文章です。

リスト4.17 自然につながる2つの文章を与える

In

```
text1 = "What is baseball ?"
text2 = "It is a game of hitting the ball with the bat."
show_continuity(text1, text2)
```

Out

```
Tokenized: {'input_ids': tensor([[ 101, 2054, 2003, ➡
3598, 1029,  102, 2009, 2003, 1037, 2208, 1997, 7294,
         1996, 3608, 2007, 1996, 7151, 1012,  102]]), ➡
'token_type_ids': tensor([[0, 0, 0, 0, 0, 0, 1, 1, 1, ➡
1, 1, 1, 1, 1, 1, 1, 1, 1, 1]]), 'attention_mask': ➡
tensor([[1, 1, 1, 1, 1, 1, 1, 1, 1, 1, 1, 1, 1, 1, 1, ➡
1, 1, 1, 1]])}
Result: NextSentencePredictorOutput(loss=None, ➡
logits=tensor([[ 6.2842, -6.1015]], grad_fn=➡
<AddmmBackward0>), hidden_states=None, attentions=None)
99.99958276748657%の確率で連続しています。
```

リスト4.17のコードを実行すると、結果が出力されます。トークナイズされたデータ、予測結果、確率の表記が表示されています。
トークナイズされたデータは辞書形式ですが、input_idsは入力文章を単語を表すIDの並びに変換したもので、token_type_idsは前の文章を0、後の文章を1で表したものです。attention_maskについては次のチャプターで改めて解説します。

Resultのlogitsにはニューラルネットワークの出力が予測結果として入ります。そして、これをソフトマックス関数により確率に変換した値を、2つの文章が連続している確率として表示しています。

結果は、ほぼ100%の確率で連続していることになりました。正しく判定できていることになります。

ただ、これだけだと正しく機能しているかまだわかりません。次は、自然につながらない2つの文章を与えてみましょう。

show_continuity()関数に、自然につながらない2つの文章を与えます。

リスト4.18のコードでは、「What is baseball ?」の次に、「This food is made with flour and milk.」を与えています。これらの文章は明らかに意味がつながっていません。連続してないバラバラな文章です。

リスト4.18 自然につながらない2つの文章を与える

In

```
text1 = "What is baseball ?"
text2 = "This food is made with flour and milk."
show_continuity(text1, text2)
```

Out

```
Tokenized: {'input_ids': tensor([[  101,  2054, ➡
2003,  3598,  1029,   102,  2023,  2833,  2003,  2081,
         2007, 13724,  1998,  6501,  1012,   102]]), ➡
'token_type_ids': tensor([[0, 0, 0, 0, 0, 0, 1, 1, 1, ➡
1, 1, 1, 1, 1, 1, 1]]), 'attention_mask': tensor([[1, ➡
1, 1, 1, 1, 1, 1, 1, 1, 1, 1, 1, 1, 1, 1, 1]])}
Result: NextSentencePredictorOutput(loss=None, ➡
logits=tensor([[-4.1025,  7.1723]], grad_fn=➡
<AddmmBackward0>), hidden_states=None, attentions=None)
0.0012688265996985137%の確率で連続しています。
```

コードを実行した結果、連続している確率は、ほぼ0%と表示されました。

自然につながらない2つの文章を渡すと、それが連続してない文章だとしっかりと判定してくれることが確認できました。

以上のように、Transformersを使えばBERTの機能をとても簡単に利用することができます。

なお、今回はなるべくシンプルな実装を目指したため英語の文章を扱いましたが、日本語の文章は**Chapter7**で扱います。

4.4 演習

Chapter4の演習です。
以下の2つの文章が連続しているかどうかを判定するコードを記述しましょう。

- The cat sat on the windowsill and watched the birds outside.
- I woke up early this morning and went for a run in the park.

4.4.1 ライブラリのインストール

リスト4.19 Transformersのインストール

In

```
!pip install transformers==4.26.0
```

4.4.2 トークナイザーの読み込み

リスト4.20 トークナイザーを読み込む

In

```
from transformers import BertTokenizer

tokenizer = BertTokenizer.from_pretrained➡
("bert-base-uncased")
```

4.4.3 モデルの読み込み

リスト4.21 BertForNextSentencePredictionの学習済みモデルを読み込む

In

```
from google.colab import output
from transformers import BertForNextSentencePrediction
```

```
nsp_model = BertForNextSentencePrediction.➡
from_pretrained("bert-base-uncased")
nsp_model.eval()  # 評価モード
output.clear()  # 出力を非表示に
```

4.4.4 連続性を判定する関数

リスト4.22にコードを追記し、2つの文章の連続性を判定するshow_continuity()関数を完成させましょう。

リスト4.22 連続性を判定する関数

In

```
import torch

def show_continuity(text1, text2):
    # トークナイズ
    tokenized =   # ←ここに「トークナイズ」のコードを記述

    # 予測と結果の表示
    y =   # ←ここに「予測」のコードを記述
    print("Result:", y)
    pred = torch.softmax(y.logits, dim=1)  # Softmax関数➡
で確率に変換
    print(str(pred[0][0].item()*100) + "%の確率で連続して➡
います。")
```

4.4.5 連続性の判定

リスト4.22のコードが完成したらリスト4.23のコードを実行し、2つの文章の連続性が判定できることを確認しましょう。

リスト4.23 連続性を判定する

In

```
text1 = "The cat sat on the windowsill and watched the ➡
birds outside."
```

```
text2 = "I woke up early this morning and went for ➡
a run in the park."

show_continuity(text1, text2)
```

4.4.6 解答例

以下は解答例です（リスト4.24）。

リスト4.24 解答例：連続性を判定する関数

In

```
import torch

def show_continuity(text1, text2):
    # トークナイズ
    tokenized = tokenizer(text1, text2, ➡
return_tensors="pt")  # ←ここに「トークナイズ」のコードを記述

    # 予測と結果の表示
    y = nsp_model(**tokenized)  # ←ここに「予測」のコードを記述
    print("Result:", y)
    pred = torch.softmax(y.logits, dim=1)  # Softmax関数➡
で確率に変換
    print(str(pred[0][0].item()*100) + "%の確率で連続して➡
います。")
```

4.5 Chapter4のまとめ

本チャプターでは、ライブラリTransformersの基礎を学んだ上で、シンプルにBERTを実装しました。そして、文章の穴埋めや連続した文章の判定などのタスクで、TransformersのBERTのモデルが、実際に機能することを確認しました。

以降のチャプターでは、ここまでの内容をベースにさらに発展的な内容を扱っていきます。BERTの仕組みを理解して実装することに、これから少しずつ慣れていきましょう。

Chapter 5

BERTの仕組み

このチャプターではBERTの仕組みを基礎から学びます。
以下の内容が含まれます。

- BERTの全体像
- TransformerとAttention
- BERTの構造
- 演習

本チャプターでは、最初にBERTの全体像を解説します。BERTはTransformerで構成されています。次に、このTransformerのベースであるAttentionの仕組みについて解説します。そして、ここまでを踏まえてBERTの実装方法を解説します。
チャプターの内容は以上になりますが、本チャプターを通して学ぶことでBERTの仕組みの概要が把握できて、本書で扱う様々な技術の背景を理解できるようになるかと思います。
Transformer、Attentionは少々難解に見えるところがありますが、決して本質的に難しいものではありません。少しずつ、理解を進めていきましょう。

5.1 BERTの全体像

本チャプターの最初に、改めてBERTの全体像を解説します。
BERT（Bidirectional Encoder Representation from Transformers）は2018年の後半にGoogleから発表された新たな深層学習のモデルです。Transformerという仕組みがベースとなっており、ファインチューニングを利用することで様々な自然言語処理のタスクに応用可能で、高い汎用性を持っています。
Transformerの内部については、次節で解説します。
なお、本節の内容が、Chapter1の内容と一部重複するのをご容赦ください。

5.1.1 BERTの学習

図5.1 は、BERTの元論文「BERT：Pre-training of Deep Bidirectional Transformers for Language Understanding」から引用した、BERTの学習を表す図です。

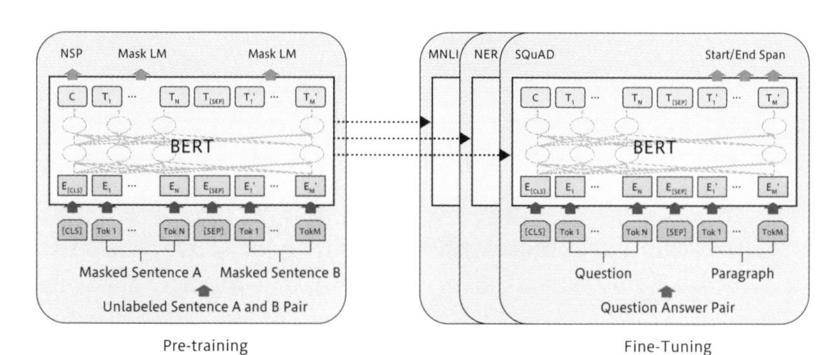

図5.1 BERTの学習

出典 「BERT：Pre-training of Deep Bidirectional Transformers for Language Understanding」のFigure 1より引用・作成
URL https://arxiv.org/abs/1810.04805

BERTは、プレトレーニング（事前学習）とファインチューニングの2つのフェーズで構成されています。左側の図はプレトレーニング、つまり事前学習を示しており、右側の図はファインチューニングを示しています。
プレトレーニングのフェーズでは、文章を入力しています。この場合、マスクされた単語を伴う文章のペア（Masked Sentence AとMasked Sentence B）をモデルに入力して、予測結果を得ています。

結果にNSP（Next Sentence Prediction）がありますが、これは次の文章を予測するように訓練が行われます。また、穴埋め問題を予測する訓練も行われます。

これらの仕組みにより、BERTモデルは、様々なタスクに応用できます。図の右で一番手前に来ているのは、SQuADというタスクです。このように、事前学習済みのモデルは、SQuADなどの様々なタスクに応用されます。SQuADタスクは、質問と答えのペアがあるのですが、このタスクに合わせてモデルをファインチューニングすることで質問に答えられるようにします。

5.1.2 BERTのモデル

それでは、ここでBERTのモデルの内部を見ていきましょう。図5.2は、元論文におけるBERTのモデル内部を表す図に一部解説を加えたものです。

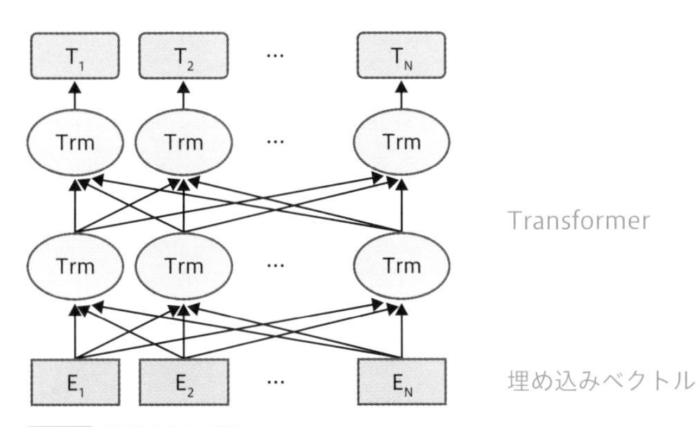

図5.2 BERTのモデル

出典 「BERT：Pre-training of Deep Bidirectional Transformers for Language Understanding」のFigure 3より引用・作成
URL https://arxiv.org/abs/1810.04805

まずは、BERTのモデルに埋め込みベクトルを渡します。埋め込みベクトルについては**Chapter1**で解説しましたが、いわゆる単語の分散表現のことです。単語を、例えば200次元とか300次元などの一定の次元を持ったベクトルに変換したものになります。

このE_1、E_2、などは文章の中で並んでいる各単語のことです。従って、入力は埋め込みベクトルで表された単語が並んでいる文章ということになります。

そして、これを複数並んだTransformerに入れます。図では「Trm」がTransformerですが、BERTでは多くのTransformerを使います。Transformerがベースのモデルであることがわかりますね。

Transformerが並んでいる層が複数あって、その後のT_1、T_2、などがBERTのモデルによって得られた結果になります。この結果を使って、それぞれのタスクに対応していくことになります。

BERTの「B」はBidirectionalの略です。以前は時間方向のみにデータが流れるモデルが主流だったのですが、BERTには時間方向の矢印はありません。過去から未来、未来から過去へ両方の流れがあるので、Bidirectionalになります。

5.1.3 BERTの入力

それでは、ここでパートの入力について解説します。図5.3は、元論文におけるBERTの入力を表す図に一部解説を加えたものです。

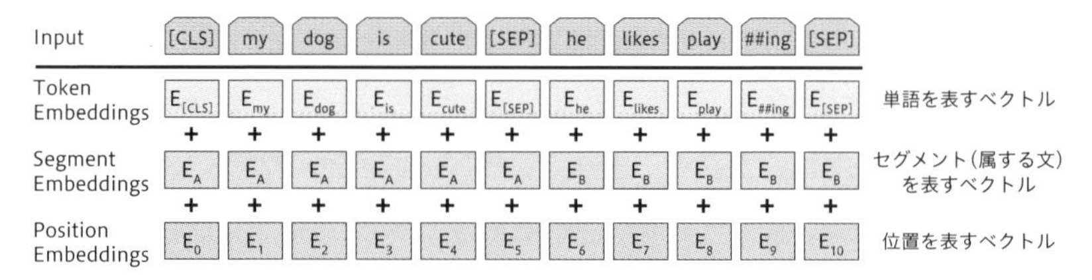

図5.3 BERTの入力

出典 「BERT：Pre-training of Deep Bidirectional Transformers for Language Understanding」のFigure 2より引用・作成
URL https://arxiv.org/abs/1810.04805

BERTの入力は埋め込みベクトルであると前述しましたが、ここで改めて詳しく解説します。

まず、図5.3の上部に入力の文章があります。文章の始まりを表す[CLS]トークンから始まって、「my dog is cute」と書かれています。そして、セパレータ[SEP]を挟んで、「he likes play ##ing」という次の文章があって、最後にセパレータ[SEP]があります。

入力に対して、まず「Token Embeddings」が行われています。ここでは、各単語を埋め込みベクトル、分散表現に変換します。そして、BERTの入力では、これに他のベクトルが加えられます。加えられるのは、「Segment Embeddings」と「Position Embeddings」です。

Segment Embeddingsは、その名の通りセグメントを表すベクトルです。セグメントというのは属する文のことですが、ここでは「A」と「B」、2つの文章があります。E_Aが文章Aに属する単語に、E_Bが文章Bに属する単語に対応します。このように文章をセグメントに分けるために、Segment Embeddingsが使われます。

そして、さらに「Position Embeddings」というベクトルも加えます。これは、位置を表すベクトルです。図にはE_0からE_{10}までありますが、これは単語が文章全体のどの位置にあるかを表すベクトルです。

このように、埋め込みベクトルにセグメントと位置の情報が加えられることになります。こうすることで、BERTのモデルは文の構造を効率的にとらえることができるようになります。

5.1.4 BERTの学習

それでは、ここでBERTの学習について解説します。**5.1.1項**でも解説しましたが、BERTの学習には事前学習とファインチューニングの2つの段階があります。

事前学習では、Transformerが文章から文脈を双方向（Bidirectional）に学習します。この事前学習は、「Masked Language Model」と「Next Sentence Prediction」、2つの方法で行われます。

Masked Language Modelでは、文章から単語を15%ランダムに選んで、[MASK]トークンに置き換えます。

この15%というのは、BERTの元論文で使われている値です。

以下に例を示します。

- 例: my dog is hairy → my dog is [MASK]

この文章では、「hairly」が「[MASK]」に置き換えられています。

そして、この [MASK] の位置にあるべき単語を前後の文脈から予測をするように学習を行うことになります。

そして、Next Sentence Predictionでは、連続する2つの文章に関係があるかどうかを判定します。

ここでは、後の文章を50%の確率で無関係な文章に置き換えます。そして、後ろの文章が意味的に適切であればIsNext、そうでなければNotNextの判定を下します。

次のページに例を示します。

```
[CLS] the man went to [MASK] store [SEP] / ➡
he bought a gallon [MASK] milk [SEP]
判定：IsNext
```

この文章はスムーズにつながっているので、判定はIsNextです。

```
[CLS] the man went to [MASK] store [SEP] / ➡
penguin [MASK] are flightless birds [SEP]
判定：NotNext
```

この文章はつながっていないので、判定はNotNextです。

このように、2つの文章の連続性を判定するようにしてNext Sentence Predictionでは学習が行われます。

Masked Language ModelとNext Sentence Prediction、2つの方法でBERTのモデルの事前学習が行われますが、事前学習済みのパラメータは、各タスクに合わせたファインチューニングの初期値となります。

5.1.5 BERTの性能

元論文における表を引用し、BERTの性能について解説します。

図5.4は、SQuAD（Stanford Question Answering Dataset）というタスクにおけるBERTの性能を表す表です。SQuADは、スタンフォード大学が一般公開している10万個の質疑応答のペアを含むデータセットです。

System	Dev EM	Dev F1	Test EM	Test F1
Top Leaderboard Systems (Dec 10th, 2018)				
Human	-	-	82.3	91.2
#1 Ensemble - nlnet	-	-	86.0	91.7
#2 Ensemble - QANet	-	-	84.5	90.5
Published				
BiDAF+ELMO (Single)	-	85.6	-	85.8
R.M. Reader (Ensemble)	81.2	87.9	82.3	88.5
Ours				
$BERT_{BASE}$ (Single)	80.8	88.5	-	-
$BERT_{LARGE}$ (Single)	84.1	90.9	-	-
$BERT_{LARGE}$ (Ensemble)	85.8	91.8	-	-
$BERT_{LARGE}$ (Sgl.+TriviaQA)	84.2	91.1	85.1	91.8
$BERT_{LARGE}$ (Ens.+TriviaQA)	86.2	92.2	87.4	93.2

図5.4 BERTの性能：SQuAD

出典 「BERT：Pre-training of Deep Bidirectional Transformers for Language Understanding」のTable 2より引用・作成
URL https://arxiv.org/abs/1810.04805

この表では人間のパフォーマンスと他のモデルのパフォーマンス、そしてBERTのパフォーマンスを比較しています。

BERTが圧倒的な性能のパフォーマンスを発揮していることがわかります。サイズが大きなBERTのモデルは、人間より高い性能を発揮することがあります。

GLUEというタスクでもBERTの性能が測定されています（図5.5）。GLUEは自然言語処理のためのいくつかの学習データを含むデータセットです。

System	MNLI-(m/mm) 392k	QQP 363k	QNLI 108k	SST-2 67k	CoLA 8.5k	STS-B 5.7k	MRPC 3.5k	RTE 2.5k	Average -
Pre-OpenAI SOTA	80.6/80.1	66.1	82.3	93.2	35.0	81.0	86.0	61.7	74.0
BiLSTM+ELMo+Attn	76.4/76.1	64.8	79.8	90.4	36.0	73.3	84.9	56.8	71.0
OpenAI GPT	82.1/81.4	70.3	87.4	91.3	45.4	80.0	82.3	56.0	75.1
$BERT_{BASE}$	84.6/83.4	71.2	90.5	93.5	52.1	85.8	88.9	66.4	79.6
$BERT_{LARGE}$	86.7/85.9	72.1	92.7	94.9	60.5	86.5	89.3	70.1	82.1

図5.5 BERTの性能：GLUE

出典 「BERT：Pre-training of Deep Bidirectional Transformers for Language Understanding」のTable 1より引用・作成

URL https://arxiv.org/abs/1810.04805

こちらでも、他のモデルと比較してBERTは圧倒的なパフォーマンスを発揮しています。特に注目すべきは、様々なタスクで発揮できる汎用性です。単に性能が高いだけではなくて、非常に広い範囲のタスクに対応できる汎用性も注目に値します。

5.2 TransformerとAttention

TransformerとAttentionの仕組みについて解説します。
なお、本節の内容が、**Chapter1**の内容と一部重複するのをご容赦ください。

5.2.1 Transformerのモデルの概要

Transformerは、EncoderとDecoderで構成されます。

図5.6は、Transformerの元論文「Attention Is All You Need」におけるTransformerのモデルの図に一部解説を加えたものです。

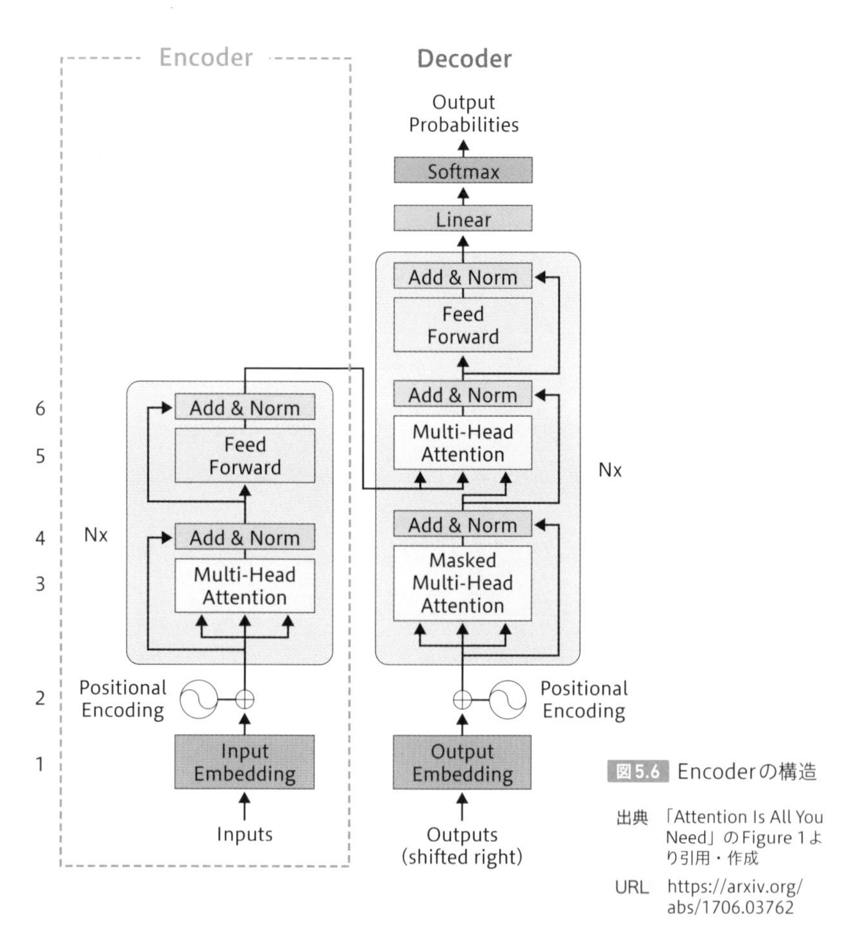

図5.6 Encoderの構造

出典 「Attention Is All You Need」のFigure 1より引用・作成

URL https://arxiv.org/abs/1706.03762

図5.6 において、左側がEncoderで右側がDecoderですが、実はパートで使うのはEncoderのみです。右側のDecoderの方は使いません。BERTのEはEncoderのEになります。

ここで、Encoderの構造を復習しましょう。

Encoderの構造:
1. Embedding層により入力文章をベクトルに圧縮
2. Positional Encoding層によって位置情報を加える
3. Multi-Head Attention層
4. Normalization（正規化）など
5. Feed forward network
6. Normalization（正規化）など

3-6を6回繰り返す

Encorderではまず、Embedding層で入力文章を分散表現に変換します。そして、Positional Encoding層によってこれに文章内における位置の情報を加えます。次の、Multi-Head Attention層は複数のAttention Headが含まれる層ですが、これについては本節内で後述します。

その後、Multi-Head Attention層を経ない流れとの合流、いわゆる残差接続が行われた上で、データの偏りを無くすNormalization（正規化）が行われます。

そして、さらに通常のニューラルネットワークに近いFeed forward networkを配置していますが、こちらについても本節内で後述します。

そして、3から6までの処理を6回繰り返し、Decoderに出力のベクトルを渡します。このように、EncoderはAttentionを何回も繰り返すというモデルになっています。

以上からわかる通り、EncoderではRNNもCNNも使っていません。ほとんどAttentionのみで構成されているのが特徴的です。

DecoderはBERTでは使わないので、本節では解説を省略します。

5.2.2　Attentionとは？

それでは、Attentionとは何か？　について概要を解説します。Attentionを一言でいうと、「文章中のどの単語に注目すればいいかを表すスコア」です。Attentionは「Query」、「Key」、「Value」の3つのベクトルで計算されます。

それぞれのベクトルを言語で説明するのは難しいのですが、あえて言語化してみます。まずQueryですが、一言でいうと入力のうち「検索をかけたいもの」を表します。そしてKeyですが、検索すべき対象とQueryの近さを測るために使います。どれだけ似ているか、それを見積もるために使います。

そしてValueですが、このKeyに基づいて適切なValueを選択して出力します。ValueはKeyに基づいて選ばれることになります。

それでは、ここからはAttentionについて 図5.7 を使って解説します。

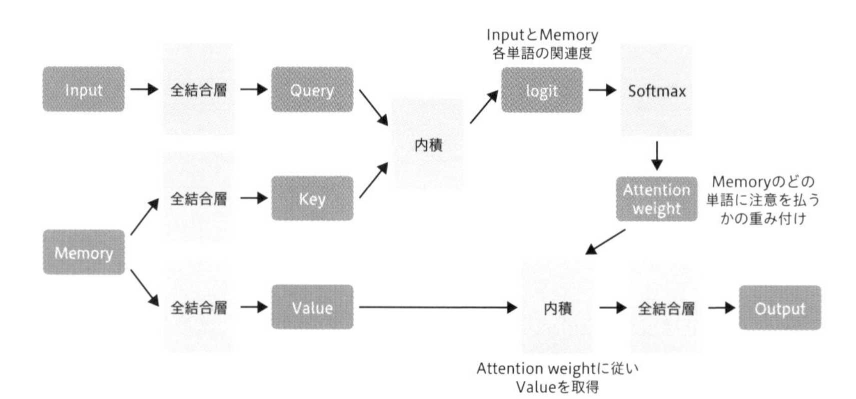

図5.7 Attentionの構造

図5.7 で、角丸の長方形はベクトルを表します。正確にいえばバッチなどを考慮するとテンソルになるのですが、本節ではベクトルと表現させてください。

そして、角丸でない長方形は何らかの操作を表します。全結合層と内積、そしてSoftmaxがあります。

全体の入力に、ベクトル「Input」と「Memory」があります。この2つは、2つの文章の埋め込みベクトルが入っています。これらの埋め込みベクトルに対して、全結合層で処理を行います。

Inputに対して全結合層で処理を行いQueryを作ります。入力文章から、各単語に対応したQueryが作られることになります。

そして、もう1つの文章を全結合層に入れてKeyを作ります。そして、このKeyとQueryで類似度を計算するために内積をとります。QueryとKeyのベクトルが似ていれば、それだけ内積の値も大きくなります。逆に似ていなければ、この内積は小さくなります。そのため、この内積により、InputとMemoryの各単語の関連度を計算することができます。

そして、この関連度をSoftmax関数に入れます。Softmax関数は確率を表現値への変換によく使われますが、これにより値を0から1の範囲に変換することができます。Softmax関数ではシグモイド関数を使っていますので、出力の範囲が0から1になります。この関連度をSoftmax関数で処理したものが、「Attention weight」になります。これは、Memoryのどの単語に注意を払うかの重み付けになります。

このQueryとKeyのベクトルが似ていれば、このAttention weightは大きくなります。正しくMemoryの単語に注意を向けられるように、全結合層のパラメータが調整され、ニューラルネットワークは学習していくことになります。Keyが正しく注意を向けられるように、訓練されることになります。

そして、Memoryからは全結合層を得てValueも作られます。Valueは、Memoryの各単語を表す埋め込みベクトルと考えることもできます。Attention weightとこのValueの間で内積とることで、Attention weightに従ってValueを取捨選択していることになります。その上で、それを全結合層に入れて全体の出力を得ることになります。

5.2.3 InputとMemory

ここからは、Attentionの重要な箇所を順次解説していきます。

まずはInputとMemoryについて解説します。図5.8はこの2つにフォーカスしています。

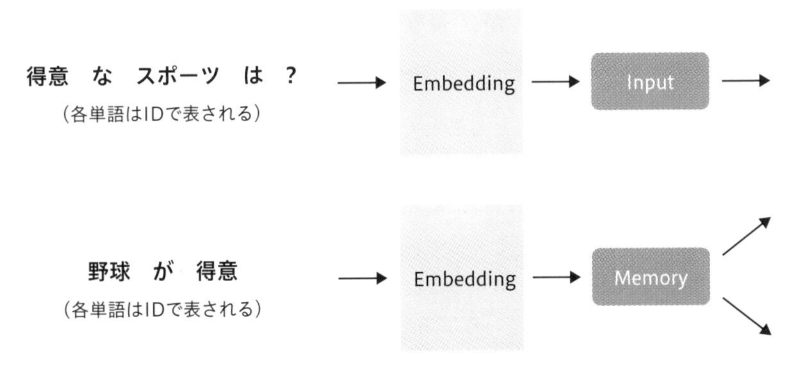

図5.8 InputとMemory

Inputを得るためには、文章を埋め込みベクトルに変化させる必要があります。図5.8には例として「得意なスポーツは？」という文章があって、単語に分割されています。実際は各単語は整数の番号であるIDで表されるのですが、これをEmbedding層に入れることで埋め込みベクトルに変換されます。

Memoryに関しても同様です。ここでは、「得意なスポーツは？」に対応した「野球が得意」という文章が例として示されています。各単語が埋め込みベクトルに変換されて、Memoryとなります。

5.2.4 Attention weightの計算

ここで、「Attention weight」の計算について解説します。図5.9は、Attention weightにフォーカスした図です。

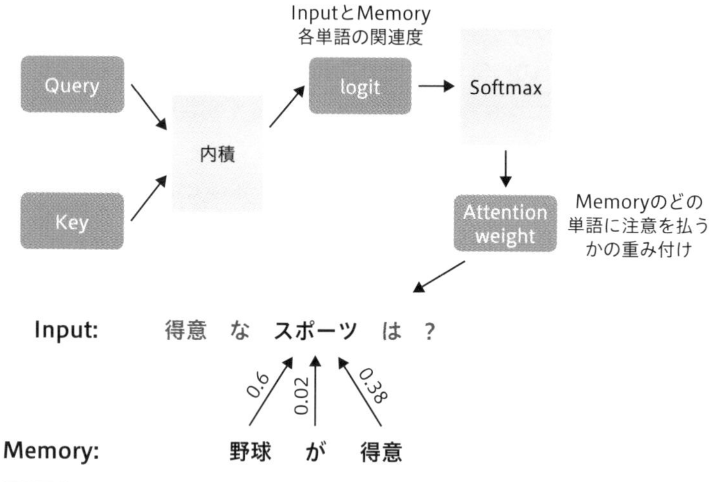

図5.9 Attention weightの計算

QueryとKeyの間で内積をとることで、InputとMemory各単語の関連度を計算します。そして、それをSoftmax関数に入れて、Attention weightの計算を行います。Attention weightは、Memoryのどの単語に注意を払うかの重み付けでしたね。

この例ではInputが「得意なスポーツは？」に対してMemoryが「野球が得意」ですが、例えばこのスポーツという単語がMemoryの正しい単語からAttentionを受けられるように学習していくことになるわけです。

どのようになれば望ましいかというと、「スポーツ」という単語が最も注意を向けるべき単語はこの場合は「野球」なので、野球に対するAttention weightが大きくなるように学習を行っていくことになります。

5.2.5 Valueとの内積

次は、Valueとの内積の箇所を解説します。図5.10は、該当箇所にフォーカスした図です。

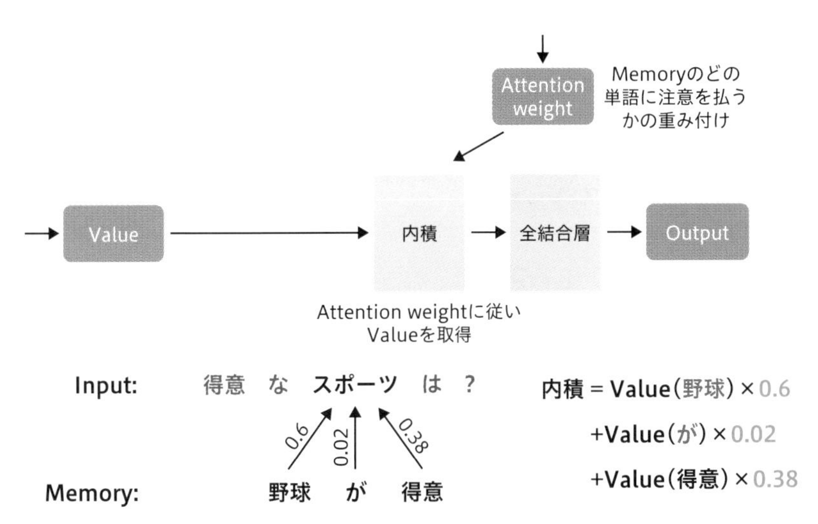

図5.10 Valueとの内積

計算されたAttention weightと、Valueとの間で内積をとります。この内積はどのような処理を行っているかというと、図の右下のような処理を行っています。

この例では、「野球」という単語に対応したValueに、0.6というAttention weightを掛けています。そして、「が」という単語に対応したValueに0.02というAttention weightを、「得意」という単語に対応したValueに0.38というAttention weightを掛けています。

このように、ValueとAttention weightを掛け合わせて、その総和をとるという処理を行っています。これにより、注目すべき単語に重み付けが行われます。

なので何が計算されるかというと、最も注目すべき単語のValueの値を計算していると、大まかに説明できると思います。「野球」に1.0を掛けるのではなくて、他の単語との関係性も考慮したAttention weightを掛けて内積をとるという形になっています。

そして全結合層に入れた上でOutputを得ることになります。このように、Attentionでは単語同士の関連性を考慮した計算が行われていることになります。

5.2.6 Self-AttentionとSourceTarget-Attention

実はAttentionにはいくつか種類があるのですが、まずは「Self-Attention」について解説します。図5.11は、Self-Attentionを表す図です。

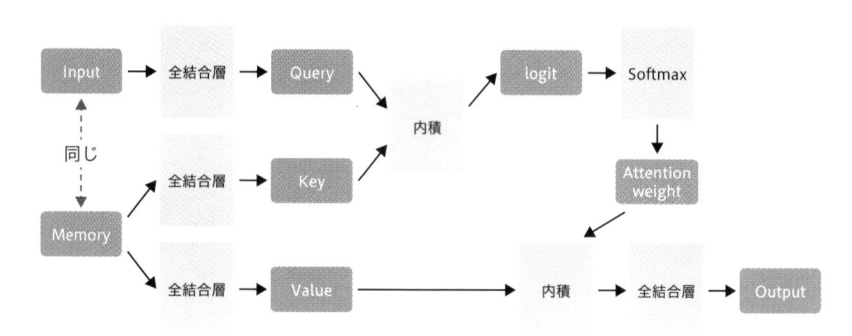

図5.11 Self-Attention

Self-AttentionはInputとMemoryが同一のAttentionで、文法の構造や、単語同士の関係性などを獲得するのに使われます。

これに対して、「SourceTarget-Attention」はInputとMemoryが異なるAttentionです（図5.12）。

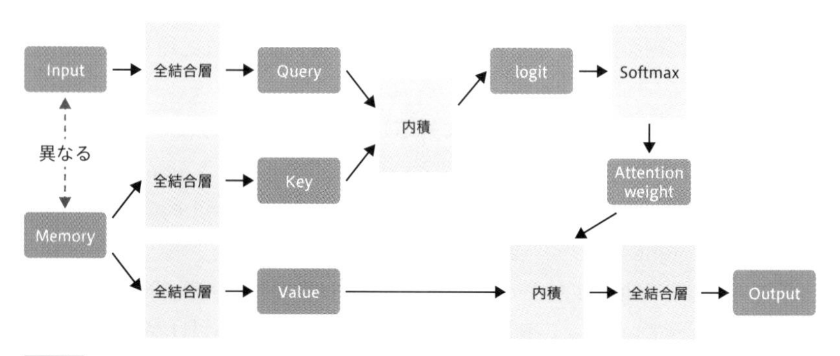

図5.12 SourceTarget-Attention

SourceTarget-Attentionでは、2つの文章間の関係性を考慮してAttentionの処理を行うことになります。

TransformerのDecoderで、Encoderの出力とDecoder側から流れが合流する箇所がありますが、そのような箇所でこのSourceTarget-Attentionが使われています。

5.2.7 Multi-Head Attention

図5.13は、Transformerの元論文におけるMulti-Head Attentionを表す図です。

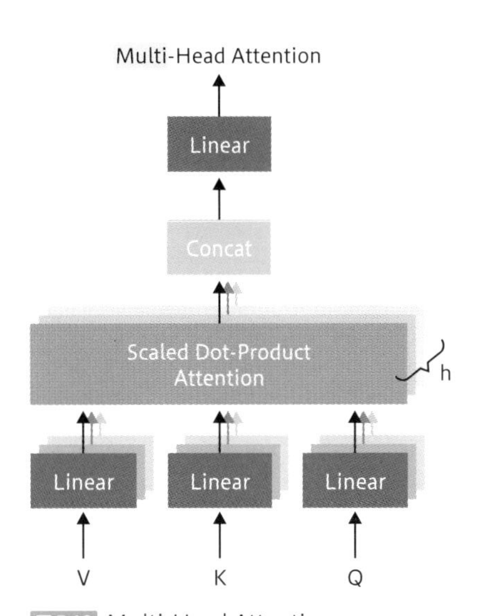

図5.13 Multi-Head Attention

出典 「Attention Is All You Need」のFigure 2より引用・作成
URL https://arxiv.org/abs/1706.03762

実際にBERTでは、このMulti-Head Attentionが使われています。「Multi-Head」の名前の通り、複数のAttentionを並行して並べます。Multi-Head Attentionにおいて、それぞれのAttention処理はHeadと呼ばれています。

それぞれのAttention HeadにValueとKey、Queryの入力があって、Attentionの処理を行った後Concatで結合を行っています。

このマルチヘッド化によって、モデルの性能が向上すると考えられています。実際にこの元論文では、マルチヘッド化による性能の向上が記述されています。

また、機械学習の分野では「アンサンブル学習」という概念があります。アンサンブル学習は、複数の機械学習モデルを並べて、並行に使って機能させるというモデルなのですが、これによりモデルの性能が向上することが知られています。

また、ニューラルネットワークの過学習を防ぐためによく「ドロップアウト」が行われます。ドロップアウトは学習ごとにニューロンをランダムに無効にするテクニックなのですが、実質的に毎回異なるニューラルネットワークを使っているような形になります。

このように、複数のモデルを組み合わせて学習を行うと、モデルの性能が向上することが経験的に知られています。

このMulti-Head Attentionもその同類と考えることができるかもしれません。

また、DecoderではMasked Multi-Head Attentionという箇所があります（図5.14）。

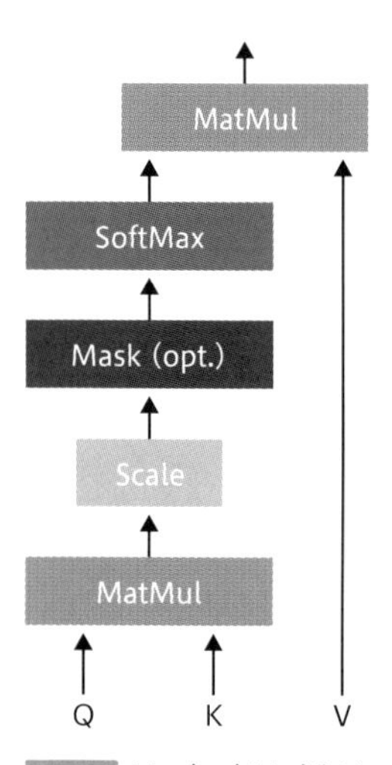

図5.14 Masked Multi-Head Attention

出典 「Attention Is All You Need」のFigure 2より引用・作成
URL https://arxiv.org/abs/1706.03762

これは、特定のKeyに対してAttention weightを0にするという処理です。なぜこのようなマスクで隠す処理が行われるかというと、単語の先読みを防ぐためです。入力に予測すべき結果が入っていると、いわゆるカンニングが行われてしまいます。

Masked Multi-Head Attentionにより、入力に基づいて学習が行われてしまって、未知のデータに対して正しく予測することができなくなることが防げます。

ただ、これはDecoderの方で行われますので、Encoderしか使わないBERTでは関係ないケースが多いです。

5.2.8 Positionwise fully connected feed-forward network

Positionwise fully connected feed-forward networkは、2つの層からなる全結合ニューラルネットワークです。

単語ごとに個別の順伝播となっており、他の単語との影響関係が排除されます。ただ、個別の順伝播であっても、パラメータは全ての処理で共通になります。

以下は、Transformerの元論文におけるPositionwise fully connected feed-forward networkを表す式です。

$$FFN(x) = \max(0, xW_1 + b_1)W_2 + b_2$$

xが入力、Wが重み、bがバイアスですが、2層のニューラルネットワークとなっています。活性化関数には、0か入力のうち大きい方を選択する、いわゆるReLUが使われています。

5.2.9 Positional Encoding

次にPositional Encodingを解説します。Positional Encodingでは、単語の位置の情報を埋め込みベクトルに加えます。

以下は、Transformerの元論文における、Positional Encodingを表す式です。

$$PE_{(pos,2i)} = \sin(pos/10000^{2i/d_{model}})$$

$$PE_{(pos,2i+1)} = \cos(pos/10000^{2i/d_{model}})$$

pos：単語の位置　$2i, 2i$+1：Embeddingの何番目の次元か　d_{model}：次元数

PEはこれはPositional Encodingの略です。posは単語の位置で、$2i$と$2i$+1は埋め込みベクトルの何番目の次元かということを表します。d_{model}は埋め込みベクトルの次元の数です。

埋め込みベクトルの偶数次元の要素はsinで位置情報を加えて、奇数次元の要素はcosで位置情報を加えています。奇数か偶数かによって、異なる位置情報を加えることになります。

単語が文章におけるどの位置にあるかというのは、文章の構成上とても重要な

情報です。これを無視してしまわないように、Positional Encodingは位置情報を付与する役割を担います。

5.2.10　Attentionの可視化

図5.15は、Transformerの元論文におけるAttentionの可視化です。

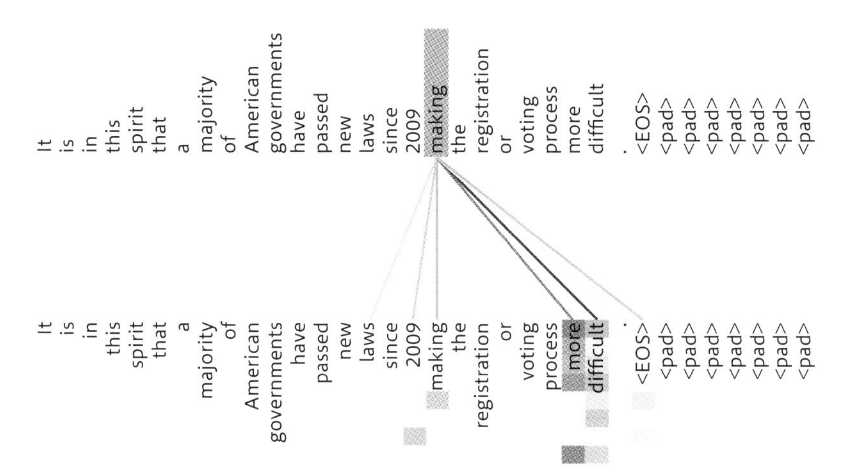

異なる色は異なるAttentionのHeadを表す

図5.15 Attentionの可視化

出典　「Attention Is All You Need」のFigure 3より引用・作成
URL　https://arxiv.org/abs/1706.03762

いくつかの単語が並んでいますが、上の段では「making」という単語にフォーカスしています。この単語がどの単語に注意を向けるのかを表す図になります。並んでいる単語は上の段も下の段も同じなので、これはSelf-Attentionになります。

そして下の段の各単語には異なる色の長方形が並んでいますが、各色は異なるAttention Headを表します。Attention Headに関しては、先ほどMulti-Head Attentionに関連して解説しましたね。

この場合、makingと最も注意を向けている単語は「more」と「difficult」です。実際に、makingとmoreとdifficultはよく連続して使われますね。どのようにして単語にAttentionが集まるのか、この図により直感的に把握できます。

TransformerはAttentionがベースになっていますが、Attentionを使うことで文脈を考慮した上でどの単語に注目べきか、それをモデルに取り入れることができるようになります。

5.3 BERTの構造

本節では、自然言語処理ライブラリTransformersにおけるBERTの実装方法を、要点を絞って見ていきます。

5.3.1 ライブラリのインストール

最初にライブラリTransformersをインストールします（リスト5.1）。

リスト5.1 Transformersのインストール

In

```
!pip install transformers==4.26.0
```

Out

```
Looking in indexes: https://pypi.org/simple, ➡
https://us-python.pkg.dev/colab-wheels/public/simple/
Collecting transformers==4.26.0
  Downloading transformers-4.26.0-py3-none-any.whl ➡
(6.3 MB)
     ━━━━━━━━━━━━━━━━━━━━━━━━━━━━━━━━━━━━━━━━━━━━━━━━━━━━━━━━➡
━━━━━━━━━━━━ 6.3/6.3 MB 19.9 MB/s eta 0:00:00
Requirement already satisfied: pyyaml>=5.1 in ➡
/usr/local/lib/python3.8/dist-packages ➡
(from transformers==4.26.0) (6.0)
Requirement already satisfied: regex!=2019.12.17 in ➡
/usr/local/lib/python3.8/dist-packages ➡
(from transformers==4.26.0) (2022.6.2)
Collecting huggingface-hub<1.0,>=0.11.0
  Downloading huggingface_hub-0.12.0-py3-none-any.whl ➡
(190 kB)
     ━━━━━━━━━━━━━━━━━━━━━━━━━━━━━━━━━━━━━━━━━━━━━━━━━━━━━━━━➡
━━━━━━━━ 190.3/190.3 KB 10.1 MB/s eta 0:00:00
Requirement already satisfied: filelock in ➡
/usr/local/lib/python3.8/dist-packages ➡
(from transformers==4.26.0) (3.9.0)
Requirement already satisfied: tqdm>=4.27 in ➡
```

```
/usr/local/lib/python3.8/dist-packages ➡
(from transformers==4.26.0) (4.64.1)
Collecting tokenizers!=0.11.3,<0.14,>=0.11.1
  Downloading tokenizers-0.13.2-cp38-cp38-manylinux_➡
2_17_x86_64.manylinux2014_x86_64.whl (7.6 MB)
     ━━━━━━━━━━━━━━━━━━━━━━━━━━━━━━━━━━━━━━━━━━━━━━━━━━━➡
━━━━━━━━━━ 7.6/7.6 MB 55.0 MB/s eta 0:00:00
Requirement already satisfied: numpy>=1.17 in ➡
/usr/local/lib/python3.8/dist-packages ➡
(from transformers==4.26.0) (1.21.6)
Requirement already satisfied: packaging>=20.0 in ➡
/usr/local/lib/python3.8/dist-packages ➡
(from transformers==4.26.0) (23.0)
Requirement already satisfied: requests in ➡
/usr/local/lib/python3.8/dist-packages ➡
(from transformers==4.26.0) (2.25.1)
Requirement already satisfied: typing-extensions>=➡
3.7.4.3 in /usr/local/lib/python3.8/dist-packages ➡
(from huggingface-hub<1.0,>=0.11.0->transformers==➡
4.26.0) (4.4.0)
Requirement already satisfied: idna<3,>=2.5 in ➡
/usr/local/lib/python3.8/dist-packages ➡
(from requests->transformers==4.26.0) (2.10)
Requirement already satisfied: chardet<5,>=3.0.2 in ➡
/usr/local/lib/python3.8/dist-packages ➡
(from requests->transformers==4.26.0) (4.0.0)
Requirement already satisfied: certifi>=2017.4.17 in ➡
/usr/local/lib/python3.8/dist-packages ➡
(from requests->transformers==4.26.0) (2022.12.7)
Requirement already satisfied: urllib3<1.27,>=1.21.1 in ➡
/usr/local/lib/python3.8/dist-packages ➡
(from requests->transformers==4.26.0) (1.24.3)
Installing collected packages: tokenizers, ➡
huggingface-hub, transformers
Successfully installed huggingface-hub-0.12.0 ➡
tokenizers-0.13.2 transformers-4.26.0
```

5.3.2 BERTモデルの構造

Transformersには、様々な訓練済みのモデルを扱うクラスが用意されていますが、今回は、最も基本的なモデルであるBertModelの中身を確認します。これは特定の用途に特化していないベースとなる事前学習済みのモデルです。

BertModel

- ドキュメント：
  URL https://huggingface.co/docs/transformers/v4.26.0/en/model_doc/bert#transformers.BertModel

- ソースコード：
  URL https://bit.ly/3xxQni6

リスト5.2のコードを実行すると、BertModelの構成が表示されます。

リスト5.2 BERTモデルの構造

In

```
import torch
from transformers import BertModel

bert_model = BertModel.from_pretrained➡
("bert-base-uncased")  # 訓練済みパラメータの読み込み
print(bert_model)
```

Out

```
Downloading (…)lve/main/config.json: 100% ■■■■■■■■■■ ➡
570/570 [00:00<00:00, 22.0kB/s]
Downloading pytorch_model.bin:      100% ■■■■■■■■■■ ➡
440M/440M [00:04<00:00, 88.2MB/s]
Some weights of the model checkpoint at ➡
bert-base-uncased were not used when initializing ➡
BertModel: ['cls.predictions.bias', 'cls.predictions.➡
transform.LayerNorm.bias', 'cls.predictions.decoder.➡
weight', 'cls.seq_relationship.bias', 'cls.predictions.➡
transform.dense.bias', 'cls.seq_relationship.weight', ➡
'cls.predictions.transform.dense.weight', ➡
'cls.predictions.transform.LayerNorm.weight']
```

```
- This IS expected if you are initializing BertModel ➡
from the checkpoint of a model trained on another task ➡
or with another architecture (e.g. initializing ➡
a BertForSequenceClassification model from ➡
a BertForPreTraining model).
- This IS NOT expected if you are initializing ➡
BertModel from the checkpoint of a model that you ➡
expect to be exactly identical (initializing ➡
a BertForSequenceClassification model from ➡
a BertForSequenceClassification model).
BertModel(
  (embeddings): BertEmbeddings(
    (word_embeddings): Embedding(30522, 768, ➡
padding_idx=0)
    (position_embeddings): Embedding(512, 768)
    (token_type_embeddings): Embedding(2, 768)
    (LayerNorm): LayerNorm((768,), eps=1e-12, ➡
elementwise_affine=True)
    (dropout): Dropout(p=0.1, inplace=False)
  )
  (encoder): BertEncoder(
    (layer): ModuleList(
      (0-11): 12 x BertLayer(
        (attention): BertAttention(
          (self): BertSelfAttention(
            (query): Linear(in_features=768, ➡
out_features=768, bias=True)
            (key): Linear(in_features=768, ➡
out_features=768, bias=True)
            (value): Linear(in_features=768, ➡
out_features=768, bias=True)
            (dropout): Dropout(p=0.1, inplace=False)
          )
          (output): BertSelfOutput(
            (dense): Linear(in_features=768, ➡
out_features=768, bias=True)
            (LayerNorm): LayerNorm((768,), ➡
eps=1e-12, elementwise_affine=True)
            (dropout): Dropout(p=0.1, inplace=False)
          )
```

```
        )
        (intermediate): BertIntermediate(
          (dense): Linear(in_features=768, ➡
out_features=3072, bias=True)
          (intermediate_act_fn): GELUActivation()
        )
        (output): BertOutput(
          (dense): Linear(in_features=3072, ➡
out_features=768, bias=True)
          (LayerNorm): LayerNorm((768,), eps=1e-12, ➡
elementwise_affine=True)
          (dropout): Dropout(p=0.1, inplace=False)
        )
      )
    )
  )
  (pooler): BertPooler(
    (dense): Linear(in_features=768, out_features=768, ➡
bias=True)
    (activation): Tanh()
  )
)
```

リスト5.2 の出力結果、及び 図5.16 のTransformersにおけるBERT実装の概要図を使って以降解説します。

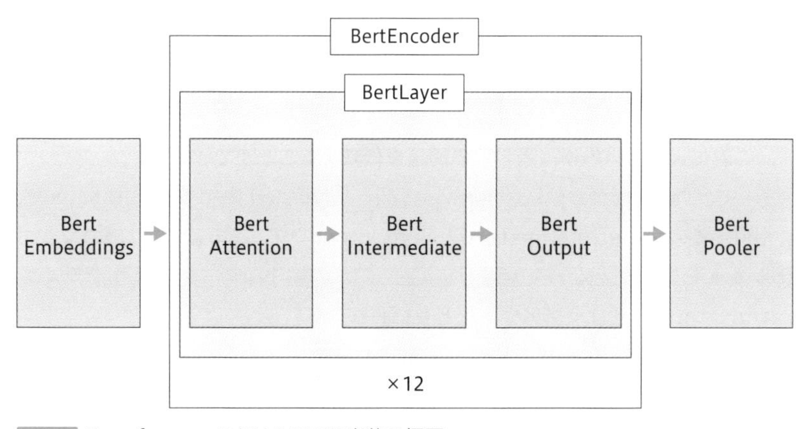

図5.16 TransformersにおけるBERT実装の概要

まずは、「BertEmbeddings」クラスにより埋め込みベクトルが作られます。

BertEmbeddings

● ソースコード：
URL https://bit.ly/3EjGbO4

ここでは、単語の埋め込みベクトル「word_embeddings」、単語の文章内における位置を表す埋め込みベクトル「position_embeddings」、入力が複数の文章の場合どの文章かを表す「token_type_embeddings」の3つの埋め込みベクトルが足し合わされます。

そして、その後にEncoderに対応する「BertEncoder」クラスがあります。

BertEncoder

● ソースコード：
URL https://bit.ly/3ZkQwld

BERTではTransformerのEncoderのみ使うので、Decoderに対応するクラスはありません。

BertEncoderの中には、複数の「BertLayer」クラスの層が入っています。そして、BertLayerクラスの中には「BertAttention」「BertIntermediate」「BertOutput」クラスが入っています。

BertAttentionは、TransformerにおけるAttentionの処理を行う箇所になります。TransformerのEncoderが使われるので、Self-Attentionが実装されることになります。この中で、QueryやKey、Valueの計算が行われます。実際にqueryとkeyとvalueの記述がありますね。

そして、ニューロンをランダムに無効化するドロップアウトも実装されています。これにより、いわゆる過学習の問題を低減することができます。

そして、TransformerのPositionwise fully connected feed-forward networkに相当するのがBertIntermediateとBertOutputです。この2つで2層のニューラルネットワークとなっています。ここには、層内のデータの偏りを無くすLayerNormや、ドロップアウトなども行われます。

このようなBertLayerが、12回繰り返されます。

そして、BertModelの最後にBertPoolerクラスがあります。

BertPooler

- **ソースコード：**
  URL https://bit.ly/3YX0dWy

このクラスは、全結合層と活性化関数であるTanhが含まれており、クラス分類などのタスクに対処するために用いられます。

以上のようにして、ライブラリTransformersではBERTが実装されています。

5.3.3 BERTの設定

BertConfigクラスを使って、モデルの設定を確認します。

BertConfig

- **ドキュメント：**
  URL https://huggingface.co/docs/transformers/v4.26.0/en/model_doc/bert#transformers.BertConfig

- **ソースコード：**
  URL https://bit.ly/3KkMwwt

リスト5.3 のコードは、BertConfigをインポートして、モデルの設定を読み込んで表示します。

リスト5.3 BertConfigの確認

In

```
from transformers import BertConfig

config = BertConfig.from_pretrained("bert-base-uncased")
print(config)
```

Out

```
BertConfig {
  "architectures": [
    "BertForMaskedLM"
  ],
```

```
  "attention_probs_dropout_prob": 0.1,
  "classifier_dropout": null,
  "gradient_checkpointing": false,
  "hidden_act": "gelu",
  "hidden_dropout_prob": 0.1,
  "hidden_size": 768,
  "initializer_range": 0.02,
  "intermediate_size": 3072,
  "layer_norm_eps": 1e-12,
  "max_position_embeddings": 512,
  "model_type": "bert",
  "num_attention_heads": 12,
  "num_hidden_layers": 12,
  "pad_token_id": 0,
  "position_embedding_type": "absolute",
  "transformers_version": "4.26.0",
  "type_vocab_size": 2,
  "use_cache": true,
  "vocab_size": 30522
}
```

リスト5.3のコードを実行した結果、様々な設定が表示されます。

ドロップアウトにおいてニューロンを無効にする確率「attention_probs_dropout_prob」「classifier_dropout」「hidden_dropout_prob」や、隠れ層のサイズ「hidden_size」、単語の数「vocab_size」などの様々な設定が表示されています。

そして、「type_vocab_size」という設定がありますが、これはセグメントの数です。例えば前後2つの文章からなる入力であれば、セグメントの数は2になります。

「intermediate_size」が3072なので、先ほどのBertIntermediateのニューロンの数は3072になります。

その他の様々な設定を、このクラスを使って確認することができます。

以上、ライブラリTransformersにおけるBERTの実装について要点を解説しました。興味のある方は、ぜひソースコード本体の方を読んでみてください。

5.4 演習

Chapter5の演習です。
4.3節で扱った以下の2つのBERTのモデルの構造を、5.3節で扱った「BertModel」の構造と比較してみましょう。

- BertForMaskedLM
- BertForNextSentencePrediction

5.4.1 ライブラリのインストール

リスト5.4 Transformersのインストール

In

```
!pip install transformers==4.26.0
```

5.4.2 BertForMaskedLMの構造

リスト5.5 のコードを実行すると、「BertForMaskedLM」の構造が表示されます。

5.3節で扱った「BertModel」と比較し、構造の違いを確認しましょう。

リスト5.5 BertForMaskedLMの構造

In

```
from transformers import BertForMaskedLM

bert_model = BertForMaskedLM.from_pretrained➡
("bert-base-uncased")  # 訓練済みパラメータの読み込み
print(bert_model)
```

5.4.3 BertForNextSentencePredictionの構造

リスト5.6 のコードを実行すると、「BertForNextSentencePrediction」の構造が表示されます。

こちらも、「BertModel」との構造の違いを確認しましょう。

リスト5.6 BertForNextSentencePredictionの構造

In

```
from transformers import BertForNextSentencePrediction

bert_model = BertForNextSentencePrediction.➡
from_pretrained("bert-base-uncased")  # 訓練済みパラメータの➡
読み込み
print(bert_model)
```

5.5 Chapter5のまとめ

本チャプターでは、最初にBERTの全体像を解説しました。その上で、BERTのベースとなるTransformer、そしてTransformerのベースとなるAttentionについて解説しました。最後に、ライブラリTransformersにおけるBERTの実装を確認しました。BERTのメカニズムについて、理解が進んだのではないでしょうか。

次の**Chapter6**では、本書のここまでの内容を踏まえてファインチューニングにトライします。訓練済みのモデルを、各タスクに合わせて調整し、活用できるようになりましょう。

Chapter 6

ファインチューニングの活用

このチャプターでは、ファインチューニングによりBERTのモデルを特定のタスクに落とし込む方法を解説します。既存の訓練済みモデルに追加で訓練を行い、BERTを様々な目的に活用できるようになりましょう。
本チャプターには以下の内容が含まれます。

- 転移学習とファインチューニング
- シンプルなファインチューニング
- ファインチューニングによる感情分析
- 演習

本チャプターでは、最初に転移学習とファインチューニングの概念を解説します。その上で、最小限の実装でファインチューニングを実装します。最後に、以上を踏まえてファインチューニングでユーザーの感情分析を行います。
チャプターの内容は以上になりますが、本チャプターを通して学ぶことでファインチューニングの概要を把握した上で実装ができるようになります。目的のタスクに合わせて、BERTのモデルを調整できるようになりましょう。

6.1 転移学習とファインチューニング

転移学習及びファインチューニングは、既存の優れた学習済みモデルを手軽に目的のタスクに取り入れることができるので、汎用性が高く有用なテクニックです。
本節では、この転移学習とファインチューニングについて概要を解説します。まずは転移学習とは何かについて説明した上で、ファインチューニングと比較します。

6.1.1 転移学習とは？

「転移学習」(Transfer Learning、TL) は、ある領域、すなわちドメインで学習したモデルを別の領域に適用します。これにより、多くのデータが手に入る領域で学習させたモデルを少ないデータしかない領域に適応させたり、シミュレータ環境で訓練したモデルを現実に適応させたりすることなどが可能になります。

例えば、手に入るデータの数が少なくてモデルを訓練するのに十分でない場合でも、転移学習を使えばモデルを訓練することが可能になります。また、実際の場では実験回数を重ねることが難しいような領域に関しても、シミュレータで何度も訓練を繰り返してたくさんのデータを得た上で実際の場で調整することなどが可能になります。

実は、複数のタスクに共通の「とらえるべき特徴」が存在します。転移学習はこれを利用して、他のモデルでとらえた特徴を他のモデルに転用することになります。

転移学習において、既存の学習済みモデルは「特徴抽出器」として用いられますが、この部分のパラメータは更新されません。出力側の層をいくつか入れ替えたり追加したりするのですが、これらの層のパラメータが更新されることにより学習が行われます。すなわち、入力に近い部分の重みを固定し、出力に近い部分だけ学習させることになるのですが、これにより既存のモデルを新しい領域へ適用することができるようになります。

転移学習には様々なメリットがあります。まずは、学習時間の短縮が挙げられます。ディープラーニングには長い時間がかかることが多いのですが、既存の学習モデルを特徴抽出に利用することで、学習時間を大きく短縮することができます。

また、転移学習ではデータ収集の手間を省くことができます。ディープラーニングで何かのタスクに取り組む際は、データ収集には大きな手間がかかります。しかしながら、学習済みのモデルをベースにすることで、追加するデータが少なくても精度の良いモデルを訓練することが可能になります。

また、既存の優れたモデルを利用できる、というメリットもあります。膨大なデータと多くの試行錯誤により確立された、既存のモデルの特徴抽出能力を利用することができるので、1からモデルを構築するよりも性能の良いモデルを構築できることが多いです。

以上のように、転移学習は汎用性が高く実務上有益であるため、近年大きな注目を集めています。

6.1.2　転移学習とファインチューニング

ここで、転移学習と、転移学習と似たテクニックである「ファインチューニング」（fine tuning）を比較します。図6.1に、転移学習とファインチューニングの比較を示します。

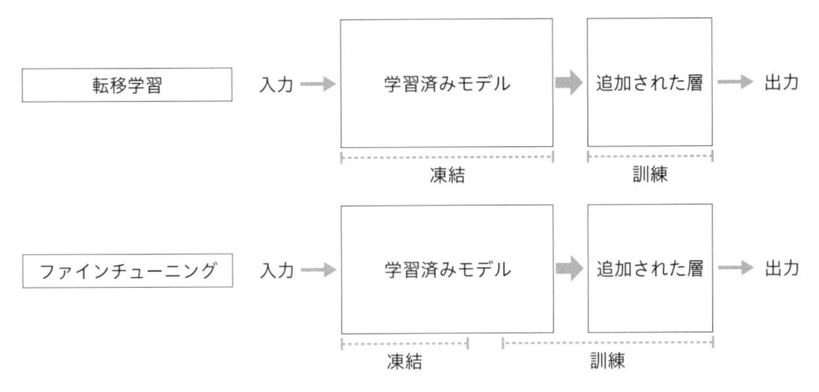

図6.1 転移学習とファインチューニング

両者ともに学習済みモデルに入力を入れて、追加もしくは変更された層から出力が出ます。

転移学習では追加された層のみを訓練し、学習済みモデルは「凍結」します。凍結とは、パラメータを固定して訓練しないことを意味します。

それに対してファインチューニングでは、学習済みモデルの一部も追加で訓練します。訓練するのは追加された層と学習済みモデルの一部となり、残りは凍結します。場合によっては、学習済みモデルの全部に対して追加で訓練することもあります。ファインチューニングは転移学習よりも学習するパラメータの数が多くなりますが、特定のタスクに対してより適応しやすくなります。本書で扱うのはこちらのファインチューニングです。

なお、転移学習とファインチューニングの定義は文献によって多少違いがありますのでご注意ください。転移学習とファインチューニングをまとめて転移学習と呼ぶことも多いです。

6.2 シンプルなファインチューニング

本節では、最小限のコードでファインチューニングを実装します。
事前学習済みのモデルに何回か追加で訓練を行い、実際にパラメータが変化することを確認しましょう。

6.2.1 ライブラリのインストール

今回も、ライブラリTransformersをインストールします（リスト6.1）。

リスト6.1 ライブラリTransformersのインストール

In

```
!pip install transformers==4.26.0
```

Out

```
Looking in indexes: https://pypi.org/simple, ➡
https://us-python.pkg.dev/colab-wheels/public/simple/
Collecting transformers
  Downloading transformers-4.26.1-py3-none-any.whl ➡
(6.3 MB)
     ━━━━━━━━━━━━━━━━━━━━━━━━━━━━━━━━━━━━━━━━━━━━━━━━━━━━━➡
━━━━━━━━━━━ 6.3/6.3 MB 29.1 MB/s eta 0:00:00
Requirement already satisfied: tqdm>=4.27 in /usr/local/➡
lib/python3.8/dist-packages (from transformers) (4.64.1)
Requirement already satisfied: requests in /usr/local/➡
lib/python3.8/dist-packages (from transformers) (2.25.1)
Requirement already satisfied: packaging>=20.0 in ➡
/usr/local/lib/python3.8/dist-packages ➡
(from transformers) (23.0)
Requirement already satisfied: numpy>=1.17 in ➡
/usr/local/lib/python3.8/dist-packages ➡
(from transformers) (1.21.6)
Requirement already satisfied: pyyaml>=5.1 in ➡
```

```
/usr/local/lib/python3.8/dist-packages ➡
(from transformers) (6.0)
Collecting huggingface-hub<1.0,>=0.11.0
  Downloading huggingface_hub-0.12.1-py3-none-any.whl ➡
(190 kB)
     ━━━━━━━━━━━━━━━━━━━━━━━━━━━━━━━━━━━━━━━━━━━━━━━━━━➡
━━━━━━━ 190.3/190.3 KB 15.2 MB/s eta 0:00:00
Collecting tokenizers!=0.11.3,<0.14,>=0.11.1
  Downloading tokenizers-0.13.2-cp38-cp38-manylinux_➡
2_17_x86_64.manylinux2014_x86_64.whl (7.6 MB)
     ━━━━━━━━━━━━━━━━━━━━━━━━━━━━━━━━━━━━━━━━━━━━━━━━━━➡
━━━━━━━━━━ 7.6/7.6 MB 45.2 MB/s eta 0:00:00
Requirement already satisfied: regex!=2019.12.17 in ➡
/usr/local/lib/python3.8/dist-packages ➡
(from transformers) (2022.6.2)
Requirement already satisfied: filelock in /usr/local/➡
lib/python3.8/dist-packages (from transformers) (3.9.0)
Requirement already satisfied: typing-extensions>=➡
3.7.4.3 in /usr/local/lib/python3.8/dist-packages ➡
(from huggingface-hub<1.0,>=0.11.0->transformers) (4.5.0)
Requirement already satisfied: urllib3<1.27,>=1.21.1 in ➡
/usr/local/lib/python3.8/dist-packages ➡
(from requests->transformers) (1.24.3)
Requirement already satisfied: chardet<5,>=3.0.2 in ➡
/usr/local/lib/python3.8/dist-packages ➡
(from requests->transformers) (4.0.0)
Requirement already satisfied: certifi>=2017.4.17 in ➡
/usr/local/lib/python3.8/dist-packages ➡
(from requests->transformers) (2022.12.7)
Requirement already satisfied: idna<3,>=2.5 in ➡
/usr/local/lib/python3.8/dist-packages ➡
(from requests->transformers) (2.10)
Installing collected packages: tokenizers, ➡
huggingface-hub, transformers
Successfully installed huggingface-hub-0.12.1 ➡
tokenizers-0.13.2 transformers-4.26.1
```

6.2.2 モデルの読み込み

リスト6.2のコードでは、transformersのBertForSequenceClassificationを使い、事前学習済みのモデルを読み込みます。

BertForSequenceClassificationはテキスト分類のタスクに使うことができます。return_dictをTrueに設定しているので、結果を辞書として返すことになります。

このモデルが持っているstate_dict()は各パラメータが格納された辞書です。重みやバイアスなどのパラメータが格納されているのですが、辞書なのでkeys()によりキーの一覧を取得することができます。

実行すると事前学習済みモデルのダウンロードが行われ、モデルが持っている各層のパラメータのキーが表示されます。

リスト6.2 BertForSequenceClassificationのモデルを読み込む

In

```
from transformers import BertForSequenceClassification

sc_model = BertForSequenceClassification.➡
from_pretrained("bert-base-uncased", return_dict=True)
print(sc_model.state_dict().keys())
```

Out

```
Downloading (…)lve/main/config.json: 100% ➡
570/570 [00:00<00:00, 17.5kB/s]
Downloading pytorch_model.bin: 100% ➡
440M/440M [00:01<00:00, 288MB/s]
Some weights of the model checkpoint at ➡
bert-base-uncased were not used when initializing ➡
BertForSequenceClassification: ['cls.seq_relationship.➡
bias', 'cls.predictions.transform.LayerNorm.weight', ➡
'cls.predictions.transform.LayerNorm.bias', 'cls.➡
predictions.transform.dense.bias', 'cls.➡
seq_relationship.weight', 'cls.predictions.decoder.➡
weight', 'cls.predictions.transform.dense.weight', ➡
'cls.predictions.bias']
- This IS expected if you are initializing ➡
BertForSequenceClassification from the checkpoint of ➡
a model trained on another task or with another ➡
```

```
architecture (e.g. initializing ➡
a BertForSequenceClassification model from ➡
a BertForPreTraining model).
- This IS NOT expected if you are initializing ➡
BertForSequenceClassification from the checkpoint of ➡
a model that you expect to be exactly identical ➡
(initializing a BertForSequenceClassification model ➡
from a BertForSequenceClassification model).
Some weights of BertForSequenceClassification were not ➡
initialized from the model checkpoint at ➡
bert-base-uncased and are newly initialized: ➡
['classifier.weight', 'classifier.bias']
You should probably TRAIN this model on a down-stream ➡
task to be able to use it for predictions and inference.
odict_keys(['bert.embeddings.position_ids', ➡
'bert.embeddings.word_embeddings.weight', ➡
'bert.embeddings.position_embeddings.weight', ➡
'bert.embeddings.token_type_embeddings.weight', ➡
'bert.embeddings.LayerNorm.weight', 'bert.embeddings.➡
LayerNorm.bias', 'bert.encoder.layer.0.attention.self.➡
query.weight', 'bert.encoder.layer.0.attention.self.➡
query.bias', 'bert.encoder.layer.0.attention.self.key.➡
weight', 'bert.encoder.layer.0.attention.self.key.➡
bias', 'bert.encoder.layer.0.attention.self.value.➡
weight', 'bert.encoder.layer.0.attention.self.value.➡
bias', 'bert.encoder.layer.0.attention.output.dense.➡
weight', 'bert.encoder.layer.0.attention.output.dense.➡
bias', 'bert.encoder.layer.0.attention.output.LayerNorm.➡
weight', 'bert.encoder.layer.0.attention.output.➡
LayerNorm.bias', 'bert.encoder.layer.0.intermediate.➡
dense.weight', 'bert.encoder.layer.0.intermediate.➡
dense.bias', 'bert.encoder.layer.0.output.dense.➡
weight', 'bert.encoder.layer.0.output.dense.bias', ➡
'bert.encoder.layer.0.output.LayerNorm.weight', ➡
'bert.encoder.layer.0.output.LayerNorm.bias', ➡
'bert.encoder.layer.1.attention.self.query.weight', ➡
'bert.encoder.layer.1.attention.self.query.bias', ➡
'bert.encoder.layer.1.attention.self.key.weight', ➡
'bert.encoder.layer.1.attention.self.key.bias', ➡
'bert.encoder.layer.1.attention.self.value.weight', ➡
```

```
'bert.encoder.layer.1.attention.self.value.bias', ➡
'bert.encoder.layer.1.attention.output.dense.weight', ➡
'bert.encoder.layer.1.attention.output.dense.bias', ➡
'bert.encoder.layer.1.attention.output.LayerNorm.➡
weight', 'bert.encoder.layer.1.attention.output.➡
LayerNorm.bias', 'bert.encoder.layer.1.intermediate.➡
dense.weight', 'bert.encoder.layer.1.intermediate.➡
dense.bias', 'bert.encoder.layer.1.output.dense.➡
weight', 'bert.encoder.layer.1.output.dense.bias', ➡
'bert.encoder.layer.1.output.LayerNorm.weight', ➡
'bert.encoder.layer.1.output.LayerNorm.bias', ➡
'bert.encoder.layer.2.attention.self.query.weight', ➡
'bert.encoder.layer.2.attention.self.query.bias', ➡
'bert.encoder.layer.2.attention.self.key.weight', ➡
'bert.encoder.layer.2.attention.self.key.bias', ➡
'bert.encoder.layer.2.attention.self.value.weight', ➡
'bert.encoder.layer.2.attention.self.value.bias', ➡
'bert.encoder.layer.2.attention.output.dense.weight', ➡
'bert.encoder.layer.2.attention.output.dense.bias', ➡
'bert.encoder.layer.2.attention.output.LayerNorm.➡
weight', 'bert.encoder.layer.2.attention.output.➡
LayerNorm.bias', 'bert.encoder.layer.2.intermediate.➡
dense.weight', 'bert.encoder.layer.2.intermediate.➡
dense.bias', 'bert.encoder.layer.2.output.dense.➡
weight', 'bert.encoder.layer.2.output.dense.bias', ➡
'bert.encoder.layer.2.output.LayerNorm.weight', ➡
'bert.encoder.layer.2.output.LayerNorm.bias', ➡
'bert.encoder.layer.3.attention.self.query.weight', ➡
'bert.encoder.layer.3.attention.self.query.bias', ➡
'bert.encoder.layer.3.attention.self.key.weight', ➡
'bert.encoder.layer.3.attention.self.key.bias', ➡
'bert.encoder.layer.3.attention.self.value.weight', ➡
'bert.encoder.layer.3.attention.self.value.bias', ➡
'bert.encoder.layer.3.attention.output.dense.weight', ➡
'bert.encoder.layer.3.attention.output.dense.bias', ➡
'bert.encoder.layer.3.attention.output.LayerNorm.➡
weight', 'bert.encoder.layer.3.attention.output.➡
LayerNorm.bias', 'bert.encoder.layer.3.intermediate.➡
dense.weight', 'bert.encoder.layer.3.intermediate.➡
dense.bias', 'bert.encoder.layer.3.output.dense.➡
```

```
weight', 'bert.encoder.layer.3.output.dense.bias', ➡
'bert.encoder.layer.3.output.LayerNorm.weight', ➡
'bert.encoder.layer.3.output.LayerNorm.bias', ➡
'bert.encoder.layer.4.attention.self.query.weight', ➡
'bert.encoder.layer.4.attention.self.query.bias', ➡
'bert.encoder.layer.4.attention.self.key.weight', ➡
'bert.encoder.layer.4.attention.self.key.bias', ➡
'bert.encoder.layer.4.attention.self.value.weight', ➡
'bert.encoder.layer.4.attention.self.value.bias', ➡
'bert.encoder.layer.4.attention.output.dense.weight', ➡
'bert.encoder.layer.4.attention.output.dense.bias', ➡
'bert.encoder.layer.4.attention.output.LayerNorm.➡
weight', 'bert.encoder.layer.4.attention.output.➡
LayerNorm.bias', 'bert.encoder.layer.4.intermediate.➡
dense.weight', 'bert.encoder.layer.4.intermediate.➡
dense.bias', 'bert.encoder.layer.4.output.dense.➡
weight', 'bert.encoder.layer.4.output.dense.bias', ➡
'bert.encoder.layer.4.output.LayerNorm.weight', ➡
'bert.encoder.layer.4.output.LayerNorm.bias', ➡
'bert.encoder.layer.5.attention.self.query.weight', ➡
'bert.encoder.layer.5.attention.self.query.bias', ➡
'bert.encoder.layer.5.attention.self.key.weight', ➡
'bert.encoder.layer.5.attention.self.key.bias', ➡
'bert.encoder.layer.5.attention.self.value.weight', ➡
'bert.encoder.layer.5.attention.self.value.bias', ➡
'bert.encoder.layer.5.attention.output.dense.weight', ➡
'bert.encoder.layer.5.attention.output.dense.bias', ➡
'bert.encoder.layer.5.attention.output.LayerNorm.➡
weight', 'bert.encoder.layer.5.attention.output.➡
LayerNorm.bias', 'bert.encoder.layer.5.intermediate.➡
dense.weight', 'bert.encoder.layer.5.intermediate.➡
dense.bias', 'bert.encoder.layer.5.output.dense.➡
weight', 'bert.encoder.layer.5.output.dense.bias', ➡
'bert.encoder.layer.5.output.LayerNorm.weight', ➡
'bert.encoder.layer.5.output.LayerNorm.bias', ➡
'bert.encoder.layer.6.attention.self.query.weight', ➡
'bert.encoder.layer.6.attention.self.query.bias', ➡
'bert.encoder.layer.6.attention.self.key.weight', ➡
'bert.encoder.layer.6.attention.self.key.bias', ➡
'bert.encoder.layer.6.attention.self.value.weight', ➡
```

```
'bert.encoder.layer.6.attention.self.value.bias', ➡
'bert.encoder.layer.6.attention.output.dense.weight', ➡
'bert.encoder.layer.6.attention.output.dense.bias', ➡
'bert.encoder.layer.6.attention.output.LayerNorm.➡
weight', 'bert.encoder.layer.6.attention.output.➡
LayerNorm.bias', 'bert.encoder.layer.6.intermediate.➡
dense.weight', 'bert.encoder.layer.6.intermediate.➡
dense.bias', 'bert.encoder.layer.6.output.dense.➡
weight', 'bert.encoder.layer.6.output.dense.bias', ➡
'bert.encoder.layer.6.output.LayerNorm.weight', ➡
'bert.encoder.layer.6.output.LayerNorm.bias', ➡
'bert.encoder.layer.7.attention.self.query.weight', ➡
'bert.encoder.layer.7.attention.self.query.bias', ➡
'bert.encoder.layer.7.attention.self.key.weight', ➡
'bert.encoder.layer.7.attention.self.key.bias', ➡
'bert.encoder.layer.7.attention.self.value.weight', ➡
'bert.encoder.layer.7.attention.self.value.bias', ➡
'bert.encoder.layer.7.attention.output.dense.weight', ➡
'bert.encoder.layer.7.attention.output.dense.bias', ➡
'bert.encoder.layer.7.attention.output.LayerNorm.➡
weight', 'bert.encoder.layer.7.attention.output.➡
LayerNorm.bias', 'bert.encoder.layer.7.intermediate.➡
dense.weight', 'bert.encoder.layer.7.intermediate.➡
dense.bias', 'bert.encoder.layer.7.output.dense.➡
weight', 'bert.encoder.layer.7.output.dense.bias', ➡
'bert.encoder.layer.7.output.LayerNorm.weight', ➡
'bert.encoder.layer.7.output.LayerNorm.bias', ➡
'bert.encoder.layer.8.attention.self.query.weight', ➡
'bert.encoder.layer.8.attention.self.query.bias', ➡
'bert.encoder.layer.8.attention.self.key.weight', ➡
'bert.encoder.layer.8.attention.self.key.bias', ➡
'bert.encoder.layer.8.attention.self.value.weight', ➡
'bert.encoder.layer.8.attention.self.value.bias', ➡
'bert.encoder.layer.8.attention.output.dense.weight', ➡
'bert.encoder.layer.8.attention.output.dense.bias', ➡
'bert.encoder.layer.8.attention.output.LayerNorm.➡
weight', 'bert.encoder.layer.8.attention.output.➡
LayerNorm.bias', 'bert.encoder.layer.8.intermediate.➡
dense.weight', 'bert.encoder.layer.8.intermediate.➡
dense.bias', 'bert.encoder.layer.8.output.dense.➡
```

```
weight', 'bert.encoder.layer.8.output.dense.bias', ➡
'bert.encoder.layer.8.output.LayerNorm.weight', ➡
'bert.encoder.layer.8.output.LayerNorm.bias', ➡
'bert.encoder.layer.9.attention.self.query.weight', ➡
'bert.encoder.layer.9.attention.self.query.bias', ➡
'bert.encoder.layer.9.attention.self.key.weight', ➡
'bert.encoder.layer.9.attention.self.key.bias', ➡
'bert.encoder.layer.9.attention.self.value.weight', ➡
'bert.encoder.layer.9.attention.self.value.bias', ➡
'bert.encoder.layer.9.attention.output.dense.weight', ➡
'bert.encoder.layer.9.attention.output.dense.bias', ➡
'bert.encoder.layer.9.attention.output.LayerNorm.➡
weight', 'bert.encoder.layer.9.attention.output.➡
LayerNorm.bias', 'bert.encoder.layer.9.intermediate.➡
dense.weight', 'bert.encoder.layer.9.intermediate.➡
dense.bias', 'bert.encoder.layer.9.output.dense.➡
weight', 'bert.encoder.layer.9.output.dense.bias', ➡
'bert.encoder.layer.9.output.LayerNorm.weight', ➡
'bert.encoder.layer.9.output.LayerNorm.bias', ➡
'bert.encoder.layer.10.attention.self.query.weight', ➡
'bert.encoder.layer.10.attention.self.query.bias', ➡
'bert.encoder.layer.10.attention.self.key.weight', ➡
'bert.encoder.layer.10.attention.self.key.bias', ➡
'bert.encoder.layer.10.attention.self.value.weight', ➡
'bert.encoder.layer.10.attention.self.value.bias', ➡
'bert.encoder.layer.10.attention.output.dense.weight', ➡
'bert.encoder.layer.10.attention.output.dense.bias', ➡
'bert.encoder.layer.10.attention.output.LayerNorm.➡
weight', 'bert.encoder.layer.10.attention.output.➡
LayerNorm.bias', ➡
'bert.encoder.layer.10.intermediate.dense.weight', ➡
'bert.encoder.layer.10.intermediate.dense.bias', ➡
'bert.encoder.layer.10.output.dense.weight', ➡
'bert.encoder.layer.10.output.dense.bias', ➡
'bert.encoder.layer.10.output.LayerNorm.weight', ➡
'bert.encoder.layer.10.output.LayerNorm.bias', ➡
'bert.encoder.layer.11.attention.self.query.weight', ➡
'bert.encoder.layer.11.attention.self.query.bias', ➡
'bert.encoder.layer.11.attention.self.key.weight', ➡
'bert.encoder.layer.11.attention.self.key.bias', ➡
```

```
'bert.encoder.layer.11.attention.self.value.weight', ➡
'bert.encoder.layer.11.attention.self.value.bias', ➡
'bert.encoder.layer.11.attention.output.dense.weight', ➡
'bert.encoder.layer.11.attention.output.dense.bias', ➡
'bert.encoder.layer.11.attention.output.LayerNorm.➡
weight', 'bert.encoder.layer.11.attention.output.➡
LayerNorm.bias', ➡
'bert.encoder.layer.11.intermediate.dense.weight', ➡
'bert.encoder.layer.11.intermediate.dense.bias', ➡
'bert.encoder.layer.11.output.dense.weight', ➡
'bert.encoder.layer.11.output.dense.bias', ➡
'bert.encoder.layer.11.output.LayerNorm.weight', ➡
'bert.encoder.layer.11.output.LayerNorm.bias', ➡
'bert.pooler.dense.weight', ➡
'bert.pooler.dense.bias', 'classifier.weight', ➡
'classifier.bias'])
```

BERTの各層が持つ、重みやバイアスなどのパラメータのキー一覧が表示されました。これらのキーを使って、実際に各パラメータを取得することができます。

6.2.3 最適化アルゴリズム

今回は、最適化アルゴリズムにAdamWを使います。AdamWは、よく使われる最適化アルゴリズムAdamの、重みの減衰に関する式を変更したものです。

以下は、このAdamWの元論文です。

Decoupled Weight Decay Regularization

- **Decoupled Weight Decay Regularization**
  URL https://arxiv.org/abs/1711.05101

AdamWを使うことで、より効率的にパラメータの最適化ができるとのことです。実際にBERTのファインチューニングのコードでは、しばしばこのAdamWが使われるので、今回は最適化アルゴリズムにこれを採用します。

PyTorchはAdamWを用意しています。リスト6.3のコードのように、torch.optimからAdamWをインポートすることができます。

リスト6.3 最適化アルゴリズムAdamWの設定

In

```
from torch.optim import AdamW

optimizer = AdamW(sc_model.parameters(), lr=1e-5) ➡
# lrは学習係数
```

6.2.4 トークナイザーの設定

BertTokenizerにより文章を単語に分割し、IDに変換します。

BertForSequenceClassificationのモデルの訓練時には入力の他にAttention maskを渡す必要があるのですが、BertTokenizerによりこちらも得ることができます。

Attention maskは、単語にマスクをかけて認識させないようにするために使うのですが、今回は全ての値が1になるので認識されない単語はありません。

リスト6.4のコードでは、「I love baseball.」及び「I hate baseball.」という2つの文章を用意しています。この2つの文章を使って、今回はモデルのファインチューニングを行います。それぞれポジティブな文章、ネガティブな文章となっています。

この2つの文章は、tokenizerに渡されてトークナイズされます。そして、その結果である単語のIDとAttention maskを表示します。

リスト6.4 トークナイザーの設定

In

```
from transformers import BertTokenizer

tokenizer = BertTokenizer.from_pretrained➡
("bert-base-uncased")
sentences = ["I love baseball.", "I hate baseball."]
tokenized = tokenizer(sentences, return_tensors="pt", ➡
padding=True, truncation=True)
print(tokenized)

x = tokenized["input_ids"]
attention_mask = tokenized["attention_mask"]
```

Out

```
Downloading (…)solve/main/vocab.txt: 100% ███████ ➡
232k/232k [00:00<00:00, 1.96MB/s]
Downloading (…)okenizer_config.json: 100% ███████ ➡
28.0/28.0 [00:00<00:00, 689B/s]

{'input_ids': tensor([[ 101, 1045, 2293, 3598, 1012, ➡
102],
        [ 101, 1045, 5223, 3598, 1012,  102]]), ➡
'token_type_ids': tensor([[0, 0, 0, 0, 0, 0],
        [0, 0, 0, 0, 0, 0]]), 'attention_mask': ➡
tensor([[1, 1, 1, 1, 1, 1],
        [1, 1, 1, 1, 1, 1]])}
```

リスト6.4 のコードを実行した結果、単語のIDinput_idsと文章のタイプtoken_type_ids、attention_maskが表示されました。

attention_maskは全て1になっていますので、マスクをかけていないことが確認できます。もしマスクがかかっていれば、ここは1ではなくて0になります。

6.2.5 シンプルなファインチューニング

事前に学習済みのモデルに対して、追加で訓練を行います。

リスト6.5 のコードでは、まずsc_model.train()によりモデルを訓練モードにします。

次は正解を用意します。今回は、torch.tensor([1,0])により2つの文章の正解をそれぞれ1、0に設定します。ポジティブな文章「I love baseball.」には1のラベルを、ネガティブな文章「I hate baseball.」には0のラベルを付けます。

このようにポジティブかネガティブかで文章を分類するというタスクになります。この問題に対応するためにファインチューニングを行うということになります。今回は2つの文章しか訓練データに使わないので、訓練は十分にできません。しかしながら、ファインチューニングの実装を把握するためと割り切って、動作の確認を行います。

weight_recordというリストには、パラメータの変遷を記録します。モデルの中の1つのパラメータを取り出して、訓練が進むとともにどのように変化するのか、それを確認するために記録します。

今回は、for文を使ってモデルを100回訓練します。まずはモデルを使って文章の分類のための予測を行うのですが、引数として単語のIDが入った入力xと、Attention maskを渡しています。文章分類の際はAttention maskも渡す必要があります。また、今回は層の凍結は行わずに、全ての層を追加で訓練します。

そして、得られた予測結果`y.logits`と正解`t`から誤差を計算します。今回は、誤差関数に分類問題によく使われる交差エントロピー誤差`F.cross_entropy`を使います。

その上で、`loss.backward()`により逆伝播を行います。バックプロパゲーションにより、各パラメータの勾配が計算されます。さらに`optimizer.step()`により最適化アルゴリズムと計算された勾配に基づき各パラメータが更新されます。

更新されたパラメータの値は、モデルから`state_dict()`により取得することができます。この場合は、ここから`"bert.encoder.layer.11.output.dense.weight"`を指定して、Encoderの11番目の層の重みを1つ取得しています。取得した値は記録します。

これを繰り返すことで、パラメータが訓練とともにどう変化するかを確認することができます。結果はmatplotlibを使って表示します。

リスト6.5 シンプルなファインチューニングの実装

In

```
import torch
from torch.nn import functional as F  # 活性化関数
import matplotlib.pyplot as plt

sc_model.train()
t = torch.tensor([1,0])  # 正解

weight_record = []  # 重みを記録

for i in range(100):  # 100回訓練
    y = sc_model(x, attention_mask=attention_mask)  # 予測
    loss = F.cross_entropy(y.logits, t)  # 交差エントロピー➡
誤差
    loss.backward()  # 逆伝播により勾配を計算
    optimizer.step()  # パラメータを更新
```

```
    weight = sc_model.state_dict()["bert.encoder.➡
layer.11.output.dense.weight"][0][0].item()
    weight_record.append(weight)  # 記録

plt.plot(range(len(weight_record)), weight_record)
plt.xlabel("Iteration")
plt.ylabel("Loss")
plt.show()
```

Out

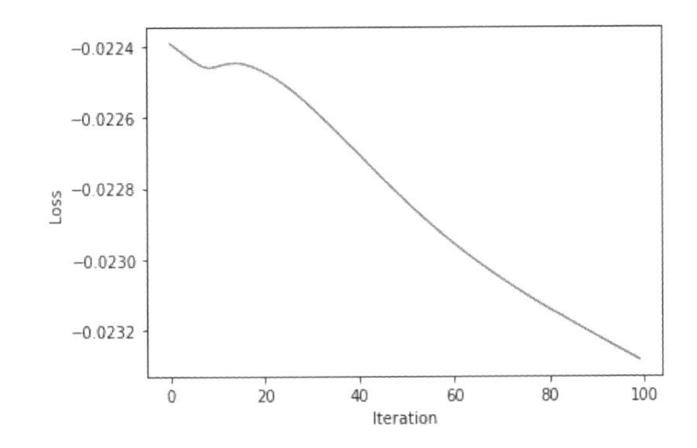

リスト6.5 のコードを実行すると結果が表示されます。グラフから、訓練が進むとともに、重みの値が次第に変化していく様子を確認できます。追加の訓練により、重みが調整されていく様子を確認できました。

本節では、最小限のコードでファインチューニングを実装しました。既存の訓練済みモデルに対して追加で訓練を行い、実際にパラメータが変化していくことを確認できました。

6.3 ファインチューニングによる感情分析

ファインチューニングを活用し、文章の好悪感情を判別できるようにモデルを訓練します。

6.3.1 ライブラリのインストール

Transformers及び自然言語処理ライブラリnlpをインストールします（リスト6.6）。今回は、このnlpを利用して訓練データを入手します。また、nlpと依存関係のあるライブラリ、dillのバージョンの調整が必要になります。

リスト6.6 必要なライブラリのインストール

In

```
!pip install transformers==4.26.0
!pip install nlp==0.4.0 dill==0.3.5.1
```

Out

```
Looking in indexes: https://pypi.org/simple, ➡
https://us-python.pkg.dev/colab-wheels/public/simple/
Collecting transformers==4.26.0
  Downloading transformers-4.26.0-py3-none-any.whl ➡
(6.3 MB)
     ━━━━━━━━━━━━━━━━━━━━━━━━━━━━━━━━━━━━━━━━━━━━━━━━━━━━━➡
━━━━━━━━━━━ 6.3/6.3 MB 46.3 MB/s eta 0:00:00
Collecting tokenizers!=0.11.3,<0.14,>=0.11.1
  Downloading tokenizers-0.13.2-cp38-cp38-manylinux_➡
2_17_x86_64.manylinux2014_x86_64.whl (7.6 MB)
     ━━━━━━━━━━━━━━━━━━━━━━━━━━━━━━━━━━━━━━━━━━━━━━━━━━━━━➡
━━━━━━━━━━━ 7.6/7.6 MB 64.8 MB/s eta 0:00:00
Requirement already satisfied: tqdm>=4.27 in /usr/local/➡
lib/python3.8/dist-packages (from transformers==4.26.0) ➡
(4.64.1)
Requirement already satisfied: requests in /usr/local/➡
lib/python3.8/dist-packages (from transformers==4.26.0) ➡
(2.25.1)
Requirement already satisfied: packaging>=20.0 in ➡
```

```
/usr/local/lib/python3.8/dist-packages ➡
(from transformers==4.26.0) (23.0)
Requirement already satisfied: pyyaml>=5.1 in ➡
/usr/local/lib/python3.8/dist-packages ➡
(from transformers==4.26.0) (6.0)
Requirement already satisfied: numpy>=1.17 in ➡
/usr/local/lib/python3.8/dist-packages ➡
(from transformers==4.26.0) (1.22.4)
Requirement already satisfied: regex!=2019.12.17 ➡
in /usr/local/lib/python3.8/dist-packages ➡
(from transformers==4.26.0) (2022.6.2)
Requirement already satisfied: filelock in ➡
/usr/local/lib/python3.8/dist-packages ➡
(from transformers==4.26.0) (3.9.0)
Collecting huggingface-hub<1.0,>=0.11.0
  Downloading huggingface_hub-0.12.1-py3-none-any.whl ➡
(190 kB)
     ━━━━━━━━━━━━━━━━━━━━━━━━━━━━━━━━━━━━━━━━━━━━━━━━━━━➡
━━━━━━━ 190.3/190.3 KB 13.4 MB/s eta 0:00:00
Requirement already satisfied: typing-extensions>=➡
3.7.4.3 in /usr/local/lib/python3.8/dist-packages ➡
(from huggingface-hub<1.0,>=0.11.0->transformers==➡
4.26.0) (4.5.0)
Requirement already satisfied: certifi>=2017.4.17 ➡
in /usr/local/lib/python3.8/dist-packages ➡
(from requests->transformers==4.26.0) (2022.12.7)
Requirement already satisfied: idna<3,>=2.5 in ➡
/usr/local/lib/python3.8/dist-packages ➡
(from requests->transformers==4.26.0) (2.10)
Requirement already satisfied: urllib3<1.27,>=1.21.1 ➡
in /usr/local/lib/python3.8/dist-packages ➡
(from requests->transformers==4.26.0) (1.24.3)
Requirement already satisfied: chardet<5,>=3.0.2 in ➡
/usr/local/lib/python3.8/dist-packages ➡
(from requests->transformers==4.26.0) (4.0.0)
Installing collected packages: tokenizers, ➡
huggingface-hub, transformers
Successfully installed huggingface-hub-0.12.1 ➡
tokenizers-0.13.2 transformers-4.26.0
Looking in indexes: https://pypi.org/simple, ➡
```

```
https://us-python.pkg.dev/colab-wheels/public/simple/
Collecting nlp==0.4.0
  Downloading nlp-0.4.0-py3-none-any.whl (1.7 MB)
     ━━━━━━━━━━━━━━━━━━━━━━━━━━━━━━━━━━━━━━━━━━━━━━━━━━━━━━━━➡
━━━━━━━━━━ 1.7/1.7 MB 26.4 MB/s eta 0:00:00
Collecting dill==0.3.5.1
  Downloading dill-0.3.5.1-py2.py3-none-any.whl (95 kB)
     ━━━━━━━━━━━━━━━━━━━━━━━━━━━━━━━━━━━━━━━━━━━━━━━━━━━━━━━━➡
━━━━━━━━━━ 95.8/95.8 KB 10.0 MB/s eta 0:00:00
Collecting xxhash
  Downloading xxhash-3.2.0-cp38-cp38-manylinux_➡
2_17_x86_64.manylinux2014_x86_64.whl (213 kB)
     ━━━━━━━━━━━━━━━━━━━━━━━━━━━━━━━━━━━━━━━━━━━━━━━━━━━━━━━━➡
━━━━━━━ 213.0/213.0 KB 23.4 MB/s eta 0:00:00
Requirement already satisfied: tqdm>=4.27 in /usr/local/➡
lib/python3.8/dist-packages (from nlp==0.4.0) (4.64.1)
Requirement already satisfied: pyarrow>=0.16.0 in /usr/➡
local/lib/python3.8/dist-packages (from nlp==0.4.0) ➡
(9.0.0)
Requirement already satisfied: requests>=2.19.0 in /usr/➡
local/lib/python3.8/dist-packages (from nlp==0.4.0) ➡
(2.25.1)
Requirement already satisfied: pandas in /usr/local/lib/➡
python3.8/dist-packages (from nlp==0.4.0) (1.3.5)
Requirement already satisfied: filelock in /usr/local/➡
lib/python3.8/dist-packages (from nlp==0.4.0) (3.9.0)
Requirement already satisfied: numpy in /usr/local/lib/➡
python3.8/dist-packages (from nlp==0.4.0) (1.22.4)
Requirement already satisfied: chardet<5,>=3.0.2 in ➡
/usr/local/lib/python3.8/dist-packages ➡
(from requests>=2.19.0->nlp==0.4.0) (4.0.0)
Requirement already satisfied: urllib3<1.27,>=1.21.1 in ➡
/usr/local/lib/python3.8/dist-packages ➡
(from requests>=2.19.0->nlp==0.4.0) (1.24.3)
Requirement already satisfied: certifi>=2017.4.17 in ➡
/usr/local/lib/python3.8/dist-packages ➡
(from requests>=2.19.0->nlp==0.4.0) (2022.12.7)
Requirement already satisfied: idna<3,>=2.5 in /usr/➡
local/lib/python3.8/dist-packages ➡
(from requests>=2.19.0->nlp==0.4.0) (2.10)
Requirement already satisfied: python-dateutil>=2.7.3 ➡
```

```
in /usr/local/lib/python3.8/dist-packages ➡
(from pandas->nlp==0.4.0) (2.8.2)
Requirement already satisfied: pytz>=2017.3 in ➡
/usr/local/lib/python3.8/dist-packages ➡
(from pandas->nlp==0.4.0) (2022.7.1)
Requirement already satisfied: six>=1.5 in /usr/local/➡
lib/python3.8/dist-packages (from python-dateutil>=➡
2.7.3->pandas->nlp==0.4.0) (1.15.0)
Installing collected packages: xxhash, dill, nlp
  Attempting uninstall: dill
    Found existing installation: dill 0.3.6
    Uninstalling dill-0.3.6:
      Successfully uninstalled dill-0.3.6
Successfully installed dill-0.3.5.1 nlp-0.4.0 xxhash-3.2.0
```

6.3.2 モデルとトークナイザーの読み込み

事前学習済みのモデルと、これと紐付いたトークナイザーを読み込みます（リスト6.7）。今回も、BertForSequenceClassificationを使い文章の分類を行います。また、トークナイザーにBertTokenizerFastを使いますが、これはシンプルで高速に動作するトークナイザーです。

リスト6.7 モデルとトークナイザーを読み込む

In

```
from transformers import BertForSequenceClassification, ➡
BertTokenizerFast

sc_model = BertForSequenceClassification.➡
from_pretrained("bert-base-uncased")
tokenizer = BertTokenizerFast.from_pretrained➡
("bert-base-uncased")
```

Out

```
Downloading (…)lve/main/config.json: 100% ████████ ➡
570/570 [00:00<00:00, 15.8kB/s]
Downloading (…)"pytorch_model.bin";: 100% ████████ ➡
440M/440M [00:01<00:00, 270MB/s]
```

```
Some weights of the model checkpoint at bert-base-➡
uncased were not used when initializing ➡
BertForSequenceClassification: ['cls.predictions.➡
transform.LayerNorm.weight', 'cls.predictions.➡
transform.dense.bias', 'cls.seq_relationship.bias', ➡
'cls.seq_relationship.weight', 'cls.predictions.➡
transform.dense.weight', 'cls.predictions.transform.➡
LayerNorm.bias', 'cls.predictions.decoder.weight', ➡
'cls.predictions.bias']
- This IS expected if you are initializing ➡
BertForSequenceClassification from the checkpoint of ➡
a model trained on another task or with another ➡
architecture (e.g. initializing ➡
a BertForSequenceClassification model from ➡
a BertForPreTraining model).
- This IS NOT expected if you are initializing ➡
BertForSequenceClassification from the checkpoint of ➡
a model that you expect to be exactly identical ➡
(initializing a BertForSequenceClassification model ➡
from a BertForSequenceClassification model).
Some weights of BertForSequenceClassification were not ➡
initialized from the model checkpoint at ➡
bert-base-uncased and are newly initialized: ➡
['classifier.weight', 'classifier.bias']
You should probably TRAIN this model on a down-stream ➡
task to be able to use it for predictions and inference.

Downloading (…)okenizer_config.json: 100% ██████████ ➡
28.0/28.0 [00:00<00:00, 559B/s]
Downloading (…)solve/main/vocab.txt: 100% ██████████ ➡
232k/232k [00:00<00:00, 907kB/s]
Downloading (…)/main/tokenizer.json: 100% ██████████ ➡
466k/466k [00:00<00:00, 1.36MB/s]
```

6.3.3 データセットの読み込み

ライブラリnlpを使用して、IMDbデータセットを読み込みます。IMDbデータセットは、25000の映画レビューコメントに、ポジティブかネガティブの好悪感情を表すラベルが付随した、感情分析用のデータセットです。

IMDbデータセット

- IMDb Non-Commercial Datasets
  URL https://www.imdb.com/interfaces/

好意的なレビューであれば1、否定的なレビューであれば0のラベルが付きます。このデータセットを使って、今回は感情分析を行います。

リスト6.8 のコードでは、まずnlpの`load_dataset`をインポートしています。

その上で、`tokenize()`という関数を設定します。受け取った`batch`という引数から文章を取り出してトークナイズします。

そして`load_dataset`でIMDbデータセットを読み込みます。`"train"`を指定し訓練データを、`"test[:20%]"`を指定しテストデータをそれぞれ読み込みます。この場合テストデータの20%を検証用に使いますが、これはテストデータ全体を使ってしまうと検証に時間がかかってしまうためです。訓練用データには`train_data`という変数名を、検証用データには`eval_data`という変数名を付けておきます。

ここで、好意的なコメントの例と否定的なコメントの例を1つずつ示し、どのようなデータセットなのか確認します。

リスト6.8 データセットを読み込む

In

```
from nlp import load_dataset

def tokenize(batch):
    return tokenizer(batch["text"], padding=True, ➡
truncation=True)

train_data, eval_data = load_dataset("imdb", ➡
split=["train", "test[:20%]"])

print(train_data["label"][0], train_data["text"][0])  ➡
# 好意的なコメント
print(train_data["label"][20000], train_data["text"]➡
[20000])  # 否定的なコメント
```

Out

```
Downloading: 100% ██████████ ➡
4.56k/4.56k [00:00<00:00, 127kB/s]
Downloading: 100% ██████████ ➡
2.07k/2.07k [00:00<00:00, 125kB/s]

Downloading and preparing dataset imdb/plain_text ➡
(download: 80.23 MiB, generated: 127.06 MiB, ➡
post-processed: Unknown sizetotal: 207.28 MiB) to ➡
/root/.cache/huggingface/datasets/imdb/plain_text/➡
1.0.0/76cdbd7249ea3548c928bbf304258dab44d09cd3638d9da8d➡
42480d1d1be3743...

Downloading: 100% ██████████ ➡
84.1M/84.1M [00:08<00:00, 17.4MB/s]

Dataset imdb downloaded and prepared to /root/.cache/➡
huggingface/datasets/imdb/plain_text/1.0.0/76cdbd7249ea➡
3548c928bbf304258dab44d09cd3638d9da8d42480d1d1be3743. ➡
Subsequent calls will reuse this data.
1 Bromwell High is a cartoon comedy. It ran at the same ➡
time as some other programs about school life, such as ➡
"Teachers". My 35 years in the teaching profession lead ➡
me to believe that Bromwell High's satire is much ➡
closer to reality than is "Teachers". The scramble to ➡
survive financially, the insightful students who can ➡
see right through their pathetic teachers' pomp, the ➡
pettiness of the whole situation, all remind me of the ➡
schools I knew and their students. When I saw the ➡
episode in which a student repeatedly tried to burn ➡
down the school, I immediately recalled ......... at ➡
.......... High. A classic line: INSPECTOR: I'm here to ➡
sack one of your teachers. STUDENT: Welcome to Bromwell ➡
High. I expect that many adults of my age think that ➡
Bromwell High is far fetched. What a pity that it isn't!
0 This movie tries hard, but completely lacks the fun ➡
of the 1960s TV series, that I am sure people do ➡
remember with fondness. Although I am 17, I watched ➡
some of the series on YouTube a long time ago and it ➡
was enjoyable and fun. Sadly, this movie does little ➡
```

```
justice to the series.<br /><br />The special effects ➡
are rather substandard, and this wasn't helped by the ➡
flat camera-work. The script also was dull and lacked ➡
any sense of wonder and humour. Other films with ➡
under-par scripting are Home Alone 4, Cat in the Hat, ➡
Thomas and the Magic Railroad and Addams Family ➡
Reunion.<br /><br />Now I will say I liked the idea of ➡
the story, but unfortunately it was badly executed and ➡
ran out of steam far too early, and I am honestly not ➡
sure for this reason this is something for the family ➡
to enjoy. And I was annoyed by the talking suit, ➡
despite spirited voice work from Wayne Knight.<br />➡
<br />But the thing that angered me most about this ➡
movie was that it wasted the talents of Christopher ➡
Lloyd, Jeff Daniels and Daryl Hannah, all very talented ➡
actors. Jeff Daniels has pulled off some good ➡
performances before, but he didn't seem to have a clue ➡
what he was supposed to be doing, and Elizabeth ➡
Hurley's character sadly came across as useless. Daryl ➡
Hannah is a lovely actress and generally ignored, and I ➡
liked the idea of her being the love interest, but ➡
sadly you see very little of her,(not to mention the ➡
Monster attack is likely to scare children than ➡
enthrall them) likewise with Wallace Shawn as some kind ➡
of government operative. Christopher Lloyd acquits ➡
himself better, and as an actor I like Lloyd a lot(he ➡
was in two of my favourite films Clue and Who Framed ➡
Roger Rabbit, and I am fond of Back To The Future) but ➡
he was given little to work with, and had a tendency to ➡
overact quite wildly.<br /><br />Overall, as much I ➡
wanted to like this movie, I was left unimpressed. ➡
Instead of being fun, it came across as pointless, and ➡
that is a shame because it had a lot of potential, with ➡
some talented actors and a good idea, but wasted with ➡
poor execution. 1/10 Bethany Cox
```

リスト6.8 のコードを実行すると、データセットの読み込みが始まります。

読み込み完了後、1というラベルとともに以下のような好意的なコメントが表示されます。

「Bromwell High is a cartoon comedy. It ran at the same time as some other programs about school life, such as "Teachers". My 35 years in the teaching profession lead me to believe that Bromwell High's satire is much closer to reality than is "Teachers". (以下略)」

また、0というラベルとともに以下のような否定的なコメントが表示されます。

「This movie tries hard, but completely lacks the fun of the 1960s TV series, that I am sure people do remember with fondness. Although I am 17, I watched some of the series on YouTube a long time ago and it was enjoyable and fun. (以下略)」

このようなポジティブな評価が付いたレビューとネガティブな評価が付いたレビューが、合わせて2万5000個のデータセットには格納されています。このデータセットを使い、事前学習済みのモデルに対してファインチューニングを行っていきます。

6.3.4 データの前処理

データセットに対して必要な処理を行います。

リスト6.9のコードでは、まずtrain_dataに対してmap()メソッドを使って処理を行っています。map()メソッドを使えば、各要素に対してそれぞれ処理を行うことができます。先ほどのtokenize()関数で処理して、形式を整えます。この場合、バッチサイズを、訓練データ全体のサイズに設定して一度に処理することにしています。

そして、set_format()メソッドによりフォーマットを整えます。各カラム（列）を設定します。この場合、"input_ids"、"attention_mask"と"label"の3つのカラムを設定しますが、この順番にカラムが並ぶことになります。また、今回PyTorchの形式でデータを扱うので、"torch"と設定します。

評価用データeval_dataの方も同様に、トークナイズしフォーマットを整えます。

リスト6.9 データの前処理

In

```
train_data = train_data.map(tokenize, batched=True, ➡
batch_size=len(train_data))
train_data.set_format("torch", columns=["input_ids", ➡
"attention_mask", "label"])

eval_data = eval_data.map(tokenize, batched=True, ➡
batch_size=len(eval_data))
eval_data.set_format("torch", columns=["input_ids", ➡
"attention_mask", "label"])
```

Out

```
100% ██████████ 1/1 [01:05<00:00, 65.06s/it]
100% ██████████ 1/1 [00:11<00:00, 11.11s/it]
```

6.3.5 評価用の関数

sklearn.metricsを使用し、モデルを評価するための関数を定義します。

リスト6.10のコードでは、モデルの評価のためにsklearn.metricsの、accuracy_scoreを使っています。これは、その名の通り精度を評価するための関数です。

リスト6.10のコードでは、モデルを評価する関数compute_metrics()が定義されています。この関数ではまず、受け取った結果resultの中から、ラベルのIDを取り出してlabelsとしています。

そして、resultから予測結果を取り出して、argmax(-1)によりその中から値が最も大きいインデックスを取り出してpredsとしています。値が最も大きい場所のインデックスなので、先頭から0、1、2、・・・と数えた場合の何番目の要素が最も値が大きかったを表します。

そして、このlabelsとpredsの間でaccuracy_scoreにより精度を計算します。labelsとpredsの値が一致していれば、正解で一致していなければ不正解になりますが、accには正解した割合が入ることになります。

compute_metrics()関数は、このaccの値を返り値として返します。

リスト6.10 評価用の関数

In

```
from sklearn.metrics import accuracy_score

def compute_metrics(result):
    labels = result.label_ids
    preds = result.predictions.argmax(-1)
    acc = accuracy_score(labels, preds)
    return {
        "accuracy": acc,
    }
```

6.3.6 TrainingArgumentsの設定

TrainingArgumentsクラスは、ハイパーパラメータの設定に使用します。モデルの訓練には様々なハイパーパラメータを使いますが、TrainingArgumentsクラスはこれらをまとめます。

リスト6.11はTrainingArgumentsクラスを解説するドキュメントです。このクラスについて詳しくは次のURLの文書に書かれていますので、興味のある方はぜひ読んでみてください。

TrainingArguments

- **Hugging Face | Trainer**
  URL https://huggingface.co/transformers/main_classes/trainer.html#trainingarguments

リスト6.11のコードでは、このクラスを使い様々な設定を行っています。各設定の意味については、コメントで簡単に解説しています。

訓練時のバッチサイズ`per_device_train_batch_size`ですが、今回はメモリがクラッシュしないように8という小さめの値に設定しています。

`warmup_steps`ですが、学習係数が0から始まって、このステップ数で最大値に達することになります。このように、学習係数は一定である必要はありません。0から始めて徐々に上げていくという設定も可能です。また、重みの減衰率は前節で解説したAdamWにおける重みの減衰率になります。実際に、BERTの元論文にはこれら`warmup_steps`や重み減衰に関する詳しい記述があります。

他にも様々な設定が可能ですが、詳細については上記の公式ドキュメントを参考にしてください。

リスト6.11 TrainingArgumentsの設定

In

```
from transformers import TrainingArguments

training_args = TrainingArguments(
    output_dir = "./results",  # 結果を格納するディレクトリ
    logging_dir = "./logs",  # 途中経過のログを格納するディレク➡
トリ
    num_train_epochs = 1,  # エポック数
    per_device_train_batch_size = 8,  # 訓練時のバッチサイズ
    per_device_eval_batch_size = 32,  # 評価時のバッチサイズ
    warmup_steps=500,  # 学習系数がこのステップ数で徐々に増加
    weight_decay=0.01,  # 重みの減衰率
    evaluation_strategy = "steps"  # 訓練中、一定のステップご➡
とに評価
)
```

6.3.7 Trainerの設定

Transformersには Trainerというとても便利なクラスが用意されています。これを使うことで、非常に短いコードの記述でモデルの訓練を行うことができます。もちろん、ファインチューニングも簡単に行うことができます。

リスト6.12はTrainerクラスを解説するドキュメントです。このクラスについて詳しくは次のURLの文書に書かれていますので、興味のある方はぜひ読んでみてください。

Trainer

- **Hugging Face | Trainer**
  URL https://huggingface.co/transformers/main_classes/trainer.html

リスト6.12のコードでは、Trainerクラスに様々な設定を行いトレーナーを作成しています。

まずは、モデルに リスト6.7 で読み込んだモデル`sc_model`を指定しています。その上で、TrainingArguments、評価用の関数、訓練用のデータ、評価用のデー

タを設定しています。

このように、追加で訓練を行うための設定をここで行うことになります。他にも様々な設定が可能ですが、詳細については上記の公式ドキュメントを参考にしてください。

リスト6.12 Trainerの設定

In

```
from transformers import Trainer

trainer = Trainer(
    model = sc_model,  # 使用するモデルを指定
    args = training_args,  # TrainingArgumentsの設定
    compute_metrics = compute_metrics,  # 評価用の関数
    train_dataset = train_data,  # 訓練用のデータ
    eval_dataset = eval_data  # 評価用のデータ
)
```

6.3.8　モデルの訓練

設定に基づき、モデルを追加で訓練します。

今回も層の凍結は行わずに、全ての層を追加で訓練します。

モデルの訓練は、非常にシンプルなコードで開始することができます。リスト6.13のコードでは、trainer.train()により訓練を開始します。

訓練に必要な時間はその時点の環境により変動しますが、おおよそ30分程度です。

リスト6.13 モデルの訓練

In

```
trainer.train()
```

Out

```
/usr/local/lib/python3.8/dist-packages/transformers/➡
optimization.py:306: FutureWarning: This implementation ➡
of AdamW is deprecated and will be removed in a future ➡
version. Use the PyTorch implementation torch.optim.➡
AdamW instead, or set `no_deprecation_warning=True` ➡
```

```
to disable this warning
  warnings.warn(
***** Running training *****
  Num examples = 25000
  Num Epochs = 1
  Instantaneous batch size per device = 8
  Total train batch size (w. parallel, distributed & ➡
accumulation) = 8
  Gradient Accumulation steps = 1
  Total optimization steps = 3125
  Number of trainable parameters = 109483778


██████████ [3125/3125 58:28, Epoch 1/1]
Step    Training Loss   Validation Loss Accuracy
-------------------------------------------------
500     0.435100        0.598037        0.808600
1000    0.368000        0.251877        0.912200
1500    0.316800        0.128754        0.953600
2000    0.292600        0.275405        0.929000
2500    0.267100        0.166476        0.950400
3000    0.238400        0.216717        0.935200

***** Running Evaluation *****
  Num examples = 5000
  Batch size = 32
Saving model checkpoint to ./results/checkpoint-500
Configuration saved in ./results/checkpoint-500/➡
config.json
Model weights saved in ./results/checkpoint-500/➡
pytorch_model.bin
***** Running Evaluation *****
  Num examples = 5000
  Batch size = 32
Saving model checkpoint to ./results/checkpoint-1000
Configuration saved in ./results/checkpoint-1000/➡
config.json
Model weights saved in ./results/checkpoint-1000/➡
pytorch_model.bin
***** Running Evaluation *****
```

```
  Num examples = 5000
  Batch size = 32
Saving model checkpoint to ./results/checkpoint-1500
Configuration saved in ./results/checkpoint-1500/➡
config.json
Model weights saved in ./results/checkpoint-1500/➡
pytorch_model.bin
***** Running Evaluation *****
  Num examples = 5000
  Batch size = 32
Saving model checkpoint to ./results/checkpoint-2000
Configuration saved in ./results/checkpoint-2000/➡
config.json
Model weights saved in ./results/checkpoint-2000/➡
pytorch_model.bin
***** Running Evaluation *****
  Num examples = 5000
  Batch size = 32
Saving model checkpoint to ./results/checkpoint-2500
Configuration saved in ./results/checkpoint-2500/➡
config.json
Model weights saved in ./results/checkpoint-2500/➡
pytorch_model.bin
***** Running Evaluation *****
  Num examples = 5000
  Batch size = 32
Saving model checkpoint to ./results/checkpoint-3000
Configuration saved in ./results/checkpoint-3000/➡
config.json
Model weights saved in ./results/checkpoint-3000/➡
pytorch_model.bin

Training completed. Do not forget to share your model ➡
on huggingface.co/models =)
TrainOutput(global_step=3125, training_loss=➡
0.3183743896484375, metrics={'train_runtime': ➡
3511.5415, 'train_samples_per_second': 7.119, ➡
'train_steps_per_second': 0.89, 'total_flos': ➡
6577776384000000.0, 'train_loss': 0.3183743896484375, ➡
'epoch': 1.0})
```

コードを実行すると、学習が進んでいきます。学習のステップが進むとともに、訓練時の損失（Training Loss）が減少していきます。評価時の損失（Validation Loss）と精度（Accuracy）はある程度向上した時点で頭打ちになる傾向があります。

6.3.9　モデルの評価

Trainerの`evaluate()`メソッドによりモデルを評価します。

リスト6.14のコードのように、Trainerの`evaluate()`メソッドでモデルを評価することができます。

リスト6.14　モデルの評価

In

```
trainer.evaluate()
```

Out

```
***** Running Evaluation *****
  Num examples = 5000
  Batch size = 32

                                            [157/157 02:53]
{'eval_loss': 0.19694030284881592,
 'eval_accuracy': 0.9388,
 'eval_runtime': 174.9204,
 'eval_samples_per_second': 28.584,
 'eval_steps_per_second': 0.898,
 'epoch': 1.0}
```

実行すると評価結果が表示されます。評価用のデータを使って測定した損失（eval_loss）や精度（eval_accuracy）などが表示されます。

約94%という高い精度で、ユーザーの感情を判定できるモデルを訓練できたことになります。

6.4 演習

Chapter6の演習です。
6.3節の感情分析のコードをベースにします。特徴抽出器のパラメータを凍結し、分類器のパラメータのみ追加で訓練を行ってください。
また、凍結を行わなかった場合と比較して、精度がどのように変わるのか確認してください。

6.4.1 ライブラリのインストール

リスト6.15 必要なライブラリのインストール

In

```
!pip install transformers==4.26.0
!pip install nlp==0.4.0 dill==0.3.5.1
```

6.4.2 モデルとトークナイザーの読み込み

リスト6.16 モデルとトークナイザーを読み込む

In

```
from transformers import BertForSequenceClassification, ➡
BertTokenizerFast

sc_model = BertForSequenceClassification.➡
from_pretrained("bert-base-uncased")
tokenizer = BertTokenizerFast.from_pretrained➡
("bert-base-uncased")
```

6.4.3 層の凍結

リスト6.16にコードを追記し、特徴抽出器のパラメータを凍結して訓練できないようにしてください。また、分類器のパラメータは訓練できるように設定してください。

パラメータを凍結するためには、requires_grad属性をFalseに設定します。また、訓練可能にするためにはrequires_grad属性をTrueに設定します（リスト6.17）。

リスト6.17 特徴抽出機のパラメータを凍結

In

```
# 特徴抽出器
for param in sc_model.bert.parameters():
    param.requires_grad =    # ←ここにコードを追記する

# 分類器
for param in sc_model.classifier.parameters():
    param.requires_grad =    # ←ここにコードを追記する
```

なお、BERTのモデルはデフォルトで全てのパラメータのrequires_grad属性がTrueに設定されているので、通常は改めてTrueに設定する必要はありません。

6.4.4 データセットの読み込み

リスト6.18 データセットを読み込む

```
from nlp import load_dataset

def tokenize(batch):
    return tokenizer(batch["text"], padding=True, ➡
truncation=True)

train_data, eval_data = load_dataset("imdb", ➡
split=["train", "test[:20%]"])
```

6.4.5 データの前処理

リスト6.19 データの前処理

In

```
train_data = train_data.map(tokenize, batched=True, ➡
batch_size=len(train_data))
train_data.set_format("torch", columns=["input_ids", ➡
"attention_mask", "label"])

eval_data = eval_data.map(tokenize, batched=True, ➡
batch_size=len(eval_data))
eval_data.set_format("torch", columns=["input_ids", ➡
"attention_mask", "label"])
```

6.4.6 評価用の関数

リスト6.20 評価用の関数

In

```
from sklearn.metrics import accuracy_score

def compute_metrics(result):
    labels = result.label_ids
    preds = result.predictions.argmax(-1)
    acc = accuracy_score(labels, preds)
    return {
        "accuracy": acc,
    }
```

6.4.7 TrainingArgumentsの設定

リスト6.21 TrainingArgumentsの設定

In

```
from transformers import TrainingArguments

training_args = TrainingArguments(
    output_dir = "./results",  # 結果を格納するディレクトリ
    logging_dir = "./logs",  # 途中経過のログを格納するディレ➡
クトリ
    num_train_epochs = 1,  # エポック数
    per_device_train_batch_size = 8,  # 訓練時のバッチサイズ
    per_device_eval_batch_size = 32,  # 評価時のバッチサイズ
    warmup_steps=500,  # 学習係数がこのステップ数で徐々に増加
    weight_decay=0.01,  # 重みの減衰率
    evaluation_strategy = "steps"  # 訓練中、一定のステップ➡
ごとに評価
)
```

6.4.8 Trainerの設定

リスト6.22 Trainerの設定

In

```
from transformers import Trainer

trainer = Trainer(
    model = sc_model,  # 使用するモデルを指定
    args = training_args,  # TrainingArgumentsの設定
    compute_metrics = compute_metrics,  # 評価用の関数
    train_dataset = train_data,  # 訓練用のデータ
    eval_dataset = eval_data  # 評価用のデータ
)
```

6.4.9　モデルの訓練

リスト6.23　モデルの訓練

In

```
trainer.train()
```

6.4.10　モデルの評価

リスト6.24　モデルの評価

In

```
trainer.evaluate()
```

6.4.11　解答例

以下は解答例です（リスト6.25）。

リスト6.25　解答例：特徴抽出機のパラメータを凍結

In

```
# 特徴抽出器
for param in sc_model.bert.parameters():
    param.requires_grad = False  # ←ここにコードを追記する

# 分類器
for param in sc_model.classifier.parameters():
    param.requires_grad = True  # ←ここにコードを追記する
```

6.5 Chapter6のまとめ

本チャプターでは、最初に転移学習とファインチューニングの概要を解説しました。その上で、最小限のコードでファインチューニングを実装し、パラメータが実際に変化することを確かめました。最後に、ファインチューニングによる感情分析を実装しました。

以上により、BERTの訓練済みモデルをタスクに合わせて調整することが可能になりました。ぜひ、ファインチューニングを様々なタスクに使ってみてください。

次の**Chapter7**では、日本語を扱います。日本語で訓練したBERTをファインチューニングし、有用なモデルを作ります。

Chapter 7

BERTの活用

このチャプターではBERTの日本語モデルを利用し、現実的な問題に取り組みます。
以下の内容が含まれます。

- BERTの活用例
- BERTの日本語モデル
- BERTによる日本語ニュースの分類

最初に様々なBERTの活用例を解説します。そしてBERTの日本語モデルの扱い方を学んだ上で、BERTによる日本語ニュースの分類を行います。
内容は以上になりますが、本チャプターを通して学ぶことでBERTを実際にどのように活用すればいいのかということに対してイメージがつかめるのではないでしょうか。
目的に応じて、柔軟にBERTを扱えるようになりましょう。

7.1 BERTの活用例

本節では、BERTの様々な応用例を紹介します。BERTは既に実社会で様々な形で活躍を始めています。

7.1.1 検索エンジン

BERTは既に検索エンジンに組み込まれています。

Googleは、2019年の10月25日にBERTを検索エンジンに組み込むことを発表しました。

- **Understanding searches better than ever before**
  URL https://blog.google/products/search/search-language-understanding-bert/

上記の記事には、「Applying BERT models to Search」という項目があります。検索エンジンはGoogleの根幹の事業ですが、そこに既にBERTが導入されていることになります。

記事では、例として「2019 brazil traveler to usa need a visa」と検索した結果をBERTの導入前後で比較しています。ブラジルの旅行者がアメリカに行くのにビザが要るかどうか調べたい際の検索です。

検索エンジンがユーザーの意図を把握する上で特に重要なのは、「to」という単語と他の単語との関係です。この場合、「to」の存在によりブラジル人がアメリカに旅行する意味になります。アメリカ人がブラジルに旅行するわけではありません。

BERTの登場前、Googleの検索エンジンはこの関係を理解できずに、アメリカ人のブラジル旅行に関する結果を返していました。ところが、BERTを導入することで、検索エンジンは「to」の役割を把握することになり、ブラジル人のアメリカ旅行に関する結果を正しく返すようになりました。

このように、BERTが検索エンジンの性能向上において大きな役割を果たしています。

7.1.2 翻訳

次は翻訳の例です。こちらもGoogleが発表した技術なのですが、Language-agnostic BERT Sentence Embedding model (LaBSE) というモデルがあります。BERTという言葉が含まれていますが、その名の通りBERTをベースにした技術です。

- **Language-Agnostic BERT Sentence Embedding**
  URL https://ai.googleblog.com/2020/08/language-agnostic-bert-sentence.html

このモデルは、masked language model（MLM）とtranslation language modeling（TLM）により、170億の単言語文と60億の対訳文ペアで事前学習されます。

これにより、学習データが乏しい言語でも有効なモデルとなっています。

7.1.3 テキスト分類

BERTはテキスト分類にも使われています。以下は日立ソリューションズの例です。

- **「活文 知的情報マイニング」のAIエンジンを「BERT」で強化し、高精度のテキスト分類を実現**
  URL https://www.hitachi-solutions.co.jp/company/press/news/2019/1125.html

こちらは、「活文 知的情報マイニング」というシステムにBERTを導入した事例です。これはテキスト分類が可能なシステムで、以前から専門の技術者の方が使っていたようです。

ここにBERTを導入することで、そのテキスト分類性能が大きく向上しましたというニュースが報告されました。例えば、顧客から届いた出荷後の製品に関する問い合わせ内容から、そこに重大な問題が存在する可能性を自動で判断して、品質やサービスの改善に活用できるようです。

このように、実際の業務においてBERT活用事例も増えてきています。

7.1.4 テキスト要約

テキスト要約にもBERTは使われています。長い文章を自動的に要約することができれば、これまで人間が担ってきた知的な処理のかなりの部分をAIに任せることが可能になります。

BERTをベースにした代表的なテキスト要約技術に、「BERTSUM」があります。BERTを拡張した文章要約のためのモデルになります。

以下に、BERTSUMを扱う論文を2つ紹介します。

- **Fine-tune BERT for Extractive Summarization**
  URL https://arxiv.org/abs/1903.10318

- **Text Summarization with Pretrained Encoders**
  URL https://arxiv.org/abs/1908.08345

図7.1に、下の方の論文に掲載されているBERTSUMのモデルの図を示します。

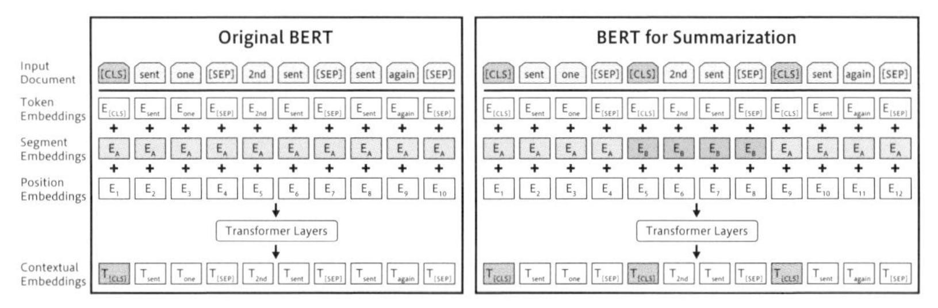

図7.1 BERTSUMのモデル

出典 「Text Summarization with Pretrained Encoders」のFigure 1より引用・作成
URL https://arxiv.org/abs/1908.08345

図7.1の左側が従来のBERTで、右側がBERT for Summarization、すなわちBERTSUMになります。

両者の大きな違いの1つに、単語の分散表現を作る「Token Embeddings」の箇所があります。オリジナルのBERTでは先頭のみに挿入する[CLS]を、BERTSUMでは文の区切りにも挿入しています。

もう1つの違いは、文章を区別するための分散表現を作る「Segment Embeddings」の箇所です。BERTSUMでは、奇数と偶数の文で異なるラベル（A、B）を割り当てるようにしています。

オリジナルのBERTでは2つの文章でそれぞれ異なるセグメントに割り当てていましたが、BERTSUMでは長いテキストが入力になりますので、奇数と偶数の文で異なるラベルを割り当てるようにします。

図7.1の右側では、最初の文章にはAというラベルが付いていて、次の文章にはBというラベルが付いています。そして、さらに次の文章にはAというラベルが付いています。このように、先頭から数えて奇数の文と偶数の文で異なるラベ

ルを割り当てるようにします。

また、オリジナルのBERTでは、Encoderのみを使っていましたが、BERTSUMではDecoderの方も使います。すなわち、Enoder-Decoderの形式をとっています。この場合、Encoderは事前学習を行いDecoderはゼロから訓練を行います。

その他、最適化アルゴリズムの実装方法など、両者にはいくつかの違いがあります。興味のある方はぜひ元論文を読んでみてください。

BERTSUMの実装は、以下のGitHubのレポジトリで公開されています。

- **BertSum**
  URL https://github.com/nlpyang/BertSum

こちらは元の論文をそのまま実装したものになります。「README.md」にその性能、データの準備方法、このライブラリのダウンロード方法、ファインチューニングのやり方、モデルの評価方法などが書かれています。このライブラリを使うこと自体は難しくないので、英文の要約を行いたい方は試してみてはいかがでしょうか。

7.1.5 その他の活用例

その他のBERTの活用例を紹介します。

BERTは特許の分類にも使われています。Googleは様々な国の1億件以上の特許公報を使ってBERTのモデルを訓練する方法を提案しています。

- **How AI, and specifically BERT, helps the patent industry**
  URL https://cloud.google.com/blog/products/ai-machine-learning/how-ai-improves-patent-analysis?hl=en

こちらの記事には、BERTなどの技術によって特許業務をどのように助けるか、などが書かれています。特許を扱う際は、その特許がどのような分野のものであるのか、どのような技術を扱うのかを分類する必要があります。それだけでも膨大な手間がこれまでかかって来たのですが、AIにそれを担わせることができれば手間と時間を大きく省くことができます。

そして、Googleは実際にこのような技術を使って企業を助ける意思があることが記事には書かれています。今後、BERTは特許に関わる上で重要なパートナーになっていく可能性があります。

また、NTTデータからはBERTを金融分野向けに特化したというニュースが報告されました。

● **最先端の言語処理モデルBERTを金融分野向けに特化**

URL https://www.nttdata.com/jp/ja/data-insight/2020/101202/

この記事には、チャットボットによる問い合わせ対応、財務情報からのリスク抽出、稟議書の記載内容チェック、日報からの情報抽出などの応用例が書かれています。

金融において、株価などの数値のデータはもちろん重要ですが、テキストデータも非常に重要です。人々の考え、感情、隠れていた事件などを文章から自動で抽出することができれば、今後の経済動向を予測するのに役立ちます。

文章をBERTなどを使ってうまく解析することができれば、金融の分野においてもAI技術のさらなる活躍が期待できます。

医療の分野でもBERTは活躍を期待されています。カルテ、医学論文など、膨大な文章のデータが蓄積されています。これらをうまく使うことで、患者がこれから病気になるリスクを見積もることや、あるいは病気に対する新たな治療法を見つけることなどが期待されています。

医療の分野においては膨大なテキストデータが解析されないまま眠っているので、BERTを活用できればより多くの患者を助けられる可能性があります。

他にも、様々な分野でBERTは力を発揮しつつあります。今後も、様々な形で我々の社会を支えてくれるのではないでしょうか。

7.2 BERTの日本語モデル

日本語のBERTのモデルを読み込んで、欠損した単語の予測、及び連続した文章の判定を試みます。

7.2.1 使用するモデルとデータセット

本チャプターでは日本語を扱いますので、日本語に対応した事前学習済みのモデルが必要になります。今回使用するのは以下のモデルです。

- **Pretrained Japanese BERT models**
  URL https://github.com/cl-tohoku/bert-japanese

こちらは、「東北大学自然言語処理研究グループ」が作成したモデルで、Hugging Face社のTransformersに組み込まれているので扱いが楽です。

なお、上記のGitHubレポジトリのREADME.mdには、ライブラリTransformersを通さない使い方も記載されています。

7.2.2 ライブラリのインストール

Transformers、及び訓練データの読み込みに使うライブラリ「datasets」をインストールします。また、日本語データの読み込みに必要なライブラリ「fugashi」と「ipadic」もインストールします（リスト7.1）。

リスト7.1 必要なライブラリのインストール

In

```
!pip install transformers==4.26.0
!pip install datasets==2.10.1 fugashi==1.2.1 ipadic==1.0.0
```

Out

```
Looking in indexes: https://pypi.org/simple, ➡
https://us-python.pkg.dev/colab-wheels/public/simple/
Collecting transformers==4.26.0
  Downloading transformers-4.26.0-py3-none-any.whl ➡
(6.3 MB)
```

```
    ━━━━━━━━━━━━━━━━━━━━━━━━━━━━━━━━━━━━━━━━━━━━━━━━━━━━━━━━━➡
━━━━━━━━━━ 6.3/6.3 MB 44.7 MB/s eta 0:00:00
Collecting huggingface-hub<1.0,>=0.11.0
  Downloading huggingface_hub-0.12.1-py3-none-any.whl ➡
(190 kB)
    ━━━━━━━━━━━━━━━━━━━━━━━━━━━━━━━━━━━━━━━━━━━━━━━━━━━━━━━━━➡
━━━━━━━ 190.3/190.3 KB 14.8 MB/s eta 0:00:00
Requirement already satisfied: filelock in /usr/local/➡
lib/python3.8/dist-packages (from transformers==4.26.0) ➡
(3.9.0)
Requirement already satisfied: numpy>=1.17 in ➡
/usr/local/lib/python3.8/dist-packages ➡
(from transformers==4.26.0) (1.22.4)
Requirement already satisfied: requests in /usr/local/➡
lib/python3.8/dist-packages (from transformers==4.26.0) ➡
(2.25.1)
Requirement already satisfied: regex!=2019.12.17 in ➡
/usr/local/lib/python3.8/dist-packages ➡
(from transformers==4.26.0) (2022.6.2)
Requirement already satisfied: tqdm>=4.27 in ➡
/usr/local/lib/python3.8/dist-packages ➡
(from transformers==4.26.0) (4.64.1)
Collecting tokenizers!=0.11.3,<0.14,>=0.11.1
  Downloading tokenizers-0.13.2-cp38-cp38-manylinux_➡
2_17_x86_64.manylinux2014_x86_64.whl (7.6 MB)
    ━━━━━━━━━━━━━━━━━━━━━━━━━━━━━━━━━━━━━━━━━━━━━━━━━━━━━━━━━➡
━━━━━━━━━━ 7.6/7.6 MB 45.9 MB/s eta 0:00:00
Requirement already satisfied: pyyaml>=5.1 in ➡
/usr/local/lib/python3.8/dist-packages ➡
(from transformers==4.26.0) (6.0)
Requirement already satisfied: packaging>=20.0 in ➡
/usr/local/lib/python3.8/dist-packages ➡
(from transformers==4.26.0) (23.0)
Requirement already satisfied: typing-extensions>=➡
3.7.4.3 in /usr/local/lib/python3.8/dist-packages ➡
(from huggingface-hub<1.0,>=0.11.0->transformers==➡
4.26.0) (4.5.0)
Requirement already satisfied: chardet<5,>=3.0.2 in ➡
/usr/local/lib/python3.8/dist-packages ➡
(from requests->transformers==4.26.0) (4.0.0)
```

```
Requirement already satisfied: urllib3<1.27,>=1.21.1 in ➡
/usr/local/lib/python3.8/dist-packages ➡
(from requests->transformers==4.26.0) (1.26.14)
Requirement already satisfied: idna<3,>=2.5 in ➡
/usr/local/lib/python3.8/dist-packages ➡
(from requests->transformers==4.26.0) (2.10)
Requirement already satisfied: certifi>=2017.4.17 in ➡
/usr/local/lib/python3.8/dist-packages ➡
(from requests->transformers==4.26.0) (2022.12.7)
Installing collected packages: tokenizers, ➡
huggingface-hub, transformers
Successfully installed huggingface-hub-0.12.1 ➡
tokenizers-0.13.2 transformers-4.26.0
Looking in indexes: https://pypi.org/simple, ➡
https://us-python.pkg.dev/colab-wheels/public/simple/
Collecting datasets==2.10.1
  Downloading datasets-2.10.1-py3-none-any.whl (469 kB)
     ──────────────────────────────────────────────────➡
─────── 469.0/469.0 KB 30.8 MB/s eta 0:00:00
Collecting fugashi==1.2.1
  Downloading fugashi-1.2.1-cp38-cp38-manylinux_2_17_➡
x86_64.manylinux2014_x86_64.whl (615 kB)
     ──────────────────────────────────────────────────➡
─────── 615.9/615.9 KB 60.2 MB/s eta 0:00:00
Collecting ipadic==1.0.0
  Downloading ipadic-1.0.0.tar.gz (13.4 MB)
     ──────────────────────────────────────────────────➡
────────── 13.4/13.4 MB 83.3 MB/s eta 0:00:00
  Preparing metadata (setup.py) ... [?25l[?25hdone
Requirement already satisfied: tqdm>=4.62.1 in ➡
/usr/local/lib/python3.8/dist-packages ➡
(from datasets==2.10.1) (4.64.1)
Requirement already satisfied: packaging in /usr/local/➡
lib/python3.8/dist-packages (from datasets==2.10.1) (23.0)
Requirement already satisfied: requests>=2.19.0 in ➡
/usr/local/lib/python3.8/dist-packages ➡
(from datasets==2.10.1) (2.25.1)
Collecting responses<0.19
  Downloading responses-0.18.0-py3-none-any.whl (38 kB)
Collecting xxhash
```

```
  Downloading xxhash-3.2.0-cp38-cp38-manylinux_2_17_➡
x86_64.manylinux2014_x86_64.whl (213 kB)
     ━━━━━━━━━━━━━━━━━━━━━━━━━━━━━━━━━━━━━━━━━━━━━━━━━━➡
━━━━━━━ 213.0/213.0 KB 26.3 MB/s eta 0:00:00
Requirement already satisfied: fsspec[http]>=2021.11.1 ➡
in /usr/local/lib/python3.8/dist-packages ➡
(from datasets==2.10.1) (2023.1.0)
Requirement already satisfied: aiohttp in ➡
/usr/local/lib/python3.8/dist-packages ➡
(from datasets==2.10.1) (3.8.4)
Requirement already satisfied: pandas in ➡
/usr/local/lib/python3.8/dist-packages ➡
(from datasets==2.10.1) (1.3.5)
Collecting multiprocess
  Downloading multiprocess-0.70.14-py38-none-any.whl ➡
(132 kB)
     ━━━━━━━━━━━━━━━━━━━━━━━━━━━━━━━━━━━━━━━━━━━━━━━━━━➡
━━━━━━━ 132.0/132.0 KB 18.6 MB/s eta 0:00:00
Requirement already satisfied: huggingface-hub➡
<1.0.0,>=0.2.0 in /usr/local/lib/python3.8/➡
dist-packages (from datasets==2.10.1) (0.12.1)
Requirement already satisfied: pyarrow>=6.0.0 in ➡
/usr/local/lib/python3.8/dist-packages ➡
(from datasets==2.10.1) (9.0.0)
Requirement already satisfied: numpy>=1.17 in ➡
/usr/local/lib/python3.8/dist-packages ➡
(from datasets==2.10.1) (1.22.4)
Requirement already satisfied: pyyaml>=5.1 in ➡
/usr/local/lib/python3.8/dist-packages ➡
(from datasets==2.10.1) (6.0)
Collecting dill<0.3.7,>=0.3.0
  Downloading dill-0.3.6-py3-none-any.whl (110 kB)
     ━━━━━━━━━━━━━━━━━━━━━━━━━━━━━━━━━━━━━━━━━━━━━━━━━━➡
━━━━━━━ 110.5/110.5 KB 16.8 MB/s eta 0:00:00
Requirement already satisfied: frozenlist>=1.1.1 in ➡
/usr/local/lib/python3.8/dist-packages ➡
(from aiohttp->datasets==2.10.1) (1.3.3)
Requirement already satisfied: charset-normalizer➡
<4.0,>=2.0 in /usr/local/lib/python3.8/dist-packages ➡
(from aiohttp->datasets==2.10.1) (3.0.1)
```

```
Requirement already satisfied: multidict<7.0,>=4.5 in ➡
/usr/local/lib/python3.8/dist-packages ➡
(from aiohttp->datasets==2.10.1) (6.0.4)
Requirement already satisfied: attrs>=17.3.0 in ➡
/usr/local/lib/python3.8/dist-packages ➡
(from aiohttp->datasets==2.10.1) (22.2.0)
Requirement already satisfied: yarl<2.0,>=1.0 in ➡
/usr/local/lib/python3.8/dist-packages ➡
(from aiohttp->datasets==2.10.1) (1.8.2)
Requirement already satisfied: async-timeout<5.0,>=➡
4.0.0a3 in /usr/local/lib/python3.8/dist-packages ➡
(from aiohttp->datasets==2.10.1) (4.0.2)
Requirement already satisfied: aiosignal>=1.1.2 in ➡
/usr/local/lib/python3.8/dist-packages ➡
(from aiohttp->datasets==2.10.1) (1.3.1)
Requirement already satisfied: filelock in ➡
/usr/local/lib/python3.8/dist-packages (from ➡
huggingface-hub<1.0.0,>=0.2.0->datasets==2.10.1) (3.9.0)
Requirement already satisfied: typing-extensions>=➡
3.7.4.3 in /usr/local/lib/python3.8/dist-packages ➡
(from huggingface-hub<1.0.0,>=0.2.0->datasets==2.10.1) ➡
(4.5.0)
Requirement already satisfied: urllib3<1.27,>=1.21.1 ➡
in /usr/local/lib/python3.8/dist-packages ➡
(from requests>=2.19.0->datasets==2.10.1) (1.26.14)
Requirement already satisfied: chardet<5,>=3.0.2 in ➡
/usr/local/lib/python3.8/dist-packages ➡
(from requests>=2.19.0->datasets==2.10.1) (4.0.0)
Requirement already satisfied: certifi>=2017.4.17 in ➡
/usr/local/lib/python3.8/dist-packages ➡
(from requests>=2.19.0->datasets==2.10.1) (2022.12.7)
Requirement already satisfied: idna<3,>=2.5 in ➡
/usr/local/lib/python3.8/dist-packages ➡
(from requests>=2.19.0->datasets==2.10.1) (2.10)
Requirement already satisfied: pytz>=2017.3 in ➡
/usr/local/lib/python3.8/dist-packages ➡
(from pandas->datasets==2.10.1) (2022.7.1)
Requirement already satisfied: python-dateutil>=➡
2.7.3 in /usr/local/lib/python3.8/dist-packages ➡
(from pandas->datasets==2.10.1) (2.8.2)
```

```
Requirement already satisfied: six>=1.5 in /usr/local/➡
lib/python3.8/dist-packages (from python-dateutil>=➡
2.7.3->pandas->datasets==2.10.1) (1.15.0)
Building wheels for collected packages: ipadic
  Building wheel for ipadic (setup.py) ... [?25l[?25hdone
  Created wheel for ipadic: filename=ipadic-1.0.0-py3-➡
none-any.whl size=13556723 sha256=8c108596bf41b759852965➡
91151fb4752e2a4b44460078c51ad7dcc20f474f89
  Stored in directory: /root/.cache/pip/wheels/45/b7/f5/➡
a21e68db846eedcd00d69e37d60bab3f68eb20b1d99cdff652
Successfully built ipadic
Installing collected packages: ipadic, xxhash, fugashi, ➡
dill, responses, multiprocess, datasets
Successfully installed datasets-2.10.1 dill-0.3.6 ➡
fugashi-1.2.1 ipadic-1.0.0 multiprocess-0.70.14 ➡
responses-0.18.0 xxhash-3.2.0
```

7.2.3　欠損した単語の予測

一部の単語が欠損した日本語の文章の、欠損した単語をBERTのモデルにより予測します。文章における単語を1つマスクして、その単語をBERTのモデルを使って予測します。

リスト7.2 のコードでは、BertJapaneseTokenizerをインポートし、使用しています。これはその名の通り、日本語に対応したトークナイザーです。ここで「cl-tohoku/bert-base-japanese」を指定し、トークナイザーの読み込みを行います。

リスト7.2 日本語に対応したトークナイザーの読み込み

In

```
from transformers import BertJapaneseTokenizer

tokenizer = BertJapaneseTokenizer.from_pretrained➡
("cl-tohoku/bert-base-japanese")
```

Out

```
Downloading (…)solve/main/vocab.txt: 100% ████████ ➡
258k/258k [00:00<00:00, 289kB/s]
```

```
Downloading (…)okenizer_config.json: 100% ━━━━━━━━ ➡
104/104 [00:00<00:00, 1.07kB/s]
Downloading (…)lve/main/config.json: 100% ━━━━━━━━ ➡
479/479 [00:00<00:00, 6.76kB/s]
```

今回は、「僕は明日、野球を観戦する予定です。」という日本語の文章を扱います。

この文章を、トークナイザーを使って単語に分割します。リスト7.3のコードを実行すると、文章が単語に分割されます。

リスト7.3 日本語の文章を単語に分割する

In

```
text = "僕は明日、野球を観戦する予定です。"

words = tokenizer.tokenize(text)
print(words)
```

Out

```
['僕', 'は', '明日', '、', '野球', 'を', '観戦', 'する', ➡
'予定', 'です', '。']
```

単語ごとに分割されているのが確認できます。

それでは、文章の一部をマスクします。

リスト7.4のコードでは、msk_idxを4に指定しています。これにより、先頭から数えた番号が3の場所を指定します。

0、1、2、3、...と番号を数えるので、「野球」をマスクします。野球という単語を、トークン[MASK]に置き換えることになります。

このコードを実行すると、文章の一部がマスクされます。

リスト7.4 単語を[MASK]に置き換える

In

```
msk_idx = 4
words[msk_idx] = "[MASK]"  # 単語を[MASK]に置き換える
print(words)
```

Out

```
['僕', 'は', '明日', '、', '[MASK]', 'を', '観戦', ➡
'する', '予定', 'です', '。']
```

「野球」がトークン[MASK]に置き換わったことが確認できました。

次は、convert_tokens_to_ids()を使って単語を表すIDに変換します。その上で、各単語IDをtorch.tensor()によりテンソルに変換します（リスト7.5）。

リスト7.5 単語をIDに変換

In

```
import torch

word_ids = tokenizer.convert_tokens_to_ids(words)  ➡
# 単語をIDに変換
word_tensor = torch.tensor([word_ids])  # テンソルに変換
print(word_tensor)
```

Out

```
tensor([[ 6259,     9, 11475,     6,     4,    11, ➡
14847,    34,  1484,  2992,
             8]])
```

各単語が、IDに変換されたことが確認できました。

次に、日本語の事前学習済みモデルを読み込みます。

リスト7.6のコードでは、欠損した単語を予測するためのBertForMaskedLMの学習済みモデルを読み込んでいます。その際に「cl-tohoku/bert-base-japanese」を指定することで、東北大学が作成した日本語のBERTモデルが読み込まれます。そして、今回は学習を行わないので、.eval()により評価モードにします。

リスト7.6 BertForMaskedLMのモデルを読み込む

In

```
from google.colab import output
from transformers import BertForMaskedLM

msk_model = BertForMaskedLM.from_pretrained➡
("cl-tohoku/bert-base-japanese")
```

```
msk_model.eval()  # 評価モード
output.clear()  # 出力を非表示に
```

また、先ほどのword_tensorを入力xとします。

このxを、モデルmsk_modelに渡して予測を行います。この出力yはタプルの形式なので、ここで目的の値を得るためにはインデックス0を指定して結果を取り出す必要があります。

そして得られた結果、resultの形状を一旦ここで表示します（リスト7.7）。

リスト7.7 モデルを使った予測

In

```
x = word_tensor  # 入力
y = msk_model(x)  # 予測
result = y[0]
print(result.size())  # 結果の形状
```

Out

```
torch.Size([1, 11, 32000])
```

Tensorresultの形状が表示されました。1がバッチサイズで、11が文章中の単語の数で、32000がモデルで扱う単語の数です。

次に、可能性の高い単語を取得します（リスト7.8）。torch.topk()を使い、最も可能性の高い単語を5つ取得して、IDを単語に変換します。

その上で、これらの単語を表示します。

リスト7.8 結果の表示

In

```
_, max_ids = torch.topk(result[0][msk_idx], k=5) ➡
# 最も大きい5つの値
result_words = tokenizer.convert_ids_to_tokens➡
(max_ids.tolist())  # IDを単語に変換
print(result_words)
```

Out

```
['試合', 'ワールドカップ', 'コンサート', 'オリンピック', ➡
'サッカー']
```

結果には、「試合」「ワールドカップ」「コンサート」「オリンピック」「サッカー」が並んでいます。野球が入っていませんが、限られた情報から得られた結果としては妥当でしょう。

以上のようにして、日本語の文章における欠損した単語を予測することができます。

7.2.4 文章が連続しているかどうかの判定

BertForNextSentencePredictionを使い、2つの文章が連続しているかどうかの判定します。

「cl-tohoku/bert-base-japanese」を指定して読み込み、評価モードに設定します（リスト7.9）。

リスト7.9 BertForNextSentencePredictionのモデルを読み込む

In

```
from transformers import BertForNextSentencePrediction

nsp_model = BertForNextSentencePrediction.➡
from_pretrained("cl-tohoku/bert-base-japanese")
nsp_model.eval()  # 評価モード
output.clear()  # 出力を非表示に
```

リスト7.10のshow_continuity()関数により、2つの文章の連続性を判定します。

4.3節で解説した関数と同じなので、関数内部の仕組みについてはそちらを参考にしてください。

リスト7.10 2つの文章の連続性を判定する関数

In

```
def show_continuity(text1, text2):
    # トークナイズ
    tokenized = tokenizer(text1, text2, ➡
return_tensors="pt")
    print("Tokenized:", tokenized)

    # 予測と結果の表示
    y = nsp_model(**tokenized)  # 予測
```

```
    print("Result:", y)
    pred = torch.softmax(y.logits, dim=1)  # Softmax関数➡
で確率に変換
    print(str(pred[0][0].item()*100) + "%の確率で連続してい➡
ます。")
```

この関数に、自然につながる日本語の2つの文章を与えます。リスト7.11のコードでは、「野球って何ですか?」と「バットでボールを打つスポーツです。」という2つの文章をshow_continuity()関数に渡しています。

リスト7.11 自然につながる2つの文章を与える

In

```
text1 = "野球って何ですか?"
text2 = "バットでボールを打つスポーツです。"
show_continuity(text1, text2)
```

Out

```
Tokenized: {'input_ids': tensor([[    2,  1201,  6172, ➡
1037,  2992,    29,  2935,     3, 10796,    12,
          3934,    11, 13033,  1784,  2992,     8,    ➡
3]]), 'token_type_ids': tensor([[0, 0, 0, 0, 0, 0, 0, ➡
0, 1, 1, 1, 1, 1, 1, 1, 1, 1]]), 'attention_mask': ➡
tensor([[1, 1, 1, 1, 1, 1, 1, 1, 1, 1, 1, 1, 1, 1, 1, ➡
1, 1]])}
Result: NextSentencePredictorOutput(loss=None, ➡
logits=tensor([[11.4354,  1.5651]], grad_fn=➡
<AddmmBackward0>), hidden_states=None, attentions=None)
99.9948263168335%の確率で連続しています。
```

リスト7.11のコードを実行した結果は、ほぼ100%の確率で連続となりました。正しく判定できていることになります。

次に、自然につながらない2つの文章を与えます。

リスト7.12のコードでは、「野球って何ですか?」の次に、「パンケーキには小麦粉と卵とミルクを使います。」という明らかに意味がつながっていない文章を与えています。

リスト7.12 自然につながらない2つの文章を与える

In

```
text1 = "野球って何ですか？"
text2 = "パンケーキには小麦粉と卵とミルクを使います。"
show_continuity(text1, text2)
```

Out

```
Tokenized: {'input_ids': tensor([[    2,  1201,  6172, ➡
1037,  2992,    29,  2935,     3,  3469, 10274,
         28580,     7,     9, 22524,    13,  4449,➡
    13, 18262,    11,  3276,
          2610,     8,     3]]), 'token_type_ids': ➡
tensor([[0, 0, 0, 0, 0, 0, 0, 0, 1, 1, 1, 1, 1, 1, 1, ➡
1, 1, 1, 1, 1, 1, 1, 1]]), 'attention_mask': ➡
tensor([[1, 1, 1, 1, 1, 1, 1, 1, 1, 1, 1, 1, 1, 1, 1, ➡
1, 1, 1, 1, 1, 1, 1, 1]])}
Result: NextSentencePredictorOutput(loss=None, logits=➡
tensor([[2.0041, 7.9830]], grad_fn=<AddmmBackward0>), ➡
hidden_states=None, attentions=None)
0.25253056082874537%の確率で連続しています。
```

コードを実行した結果、連続している確率は、約25%と表示されました。つながっている可能性は低いです。

以上のようにして、2つの文書が連続しているかどうかの判定を行うことができます。

Transformersにおける、日本語の訓練済みモデルの動作を確認することができました。

7.3 BERTによる日本語ニュースの分類

日本語のデータセットでBERTのモデルをファインチューニングし、ニュースの分類を行います。

7.3.1 使用するデータセット

今回、ファインチューニング用のデータには「livedoorニュースコーパス」を使います。その名の通り、livedoorニュースの過去の記事からなるデータセットです。livedoorニュースのうち、クリエイティブコモンズライセンスが適用されるニュースを収集してHTMLタグを取り除いて作成したものになります。

このデータセットには以下の9つのカテゴリがあります。

- トピックニュース
- Sports Watch
- ITライフハック
- 家電チャンネル
- MOVIE ENTER
- 独女通信
- エスマックス
- livedoor
- Peachy

このように、カテゴリごとに分類されたニュースとなっています。今回は、これらのテキストデータを使ってニュースの分類ができるようにモデルに追加で訓練を行います。

7.3.2 Googleドライブに訓練データを配置

今回は、訓練データのサイズが大きいのでGoogleドライブに配置します。

まずは、「livedoorニュースコーパス」をダウンロードします。

- **livedoor ニュースコーパス**
  URL https://www.rondhuit.com/download.html#ldcc

上記のページの「ダウンロード（通常テキスト）：ldcc-20140209.tar.gz」から「ldcc-20140209.tar.gz」をダウンロードして解凍しましょう。Macの方はダブルクリックで解凍できますが、Windowsの方は解凍ソフトのインストールが必要でしょう。

図7.2 は解凍後のフォルダ構成です。

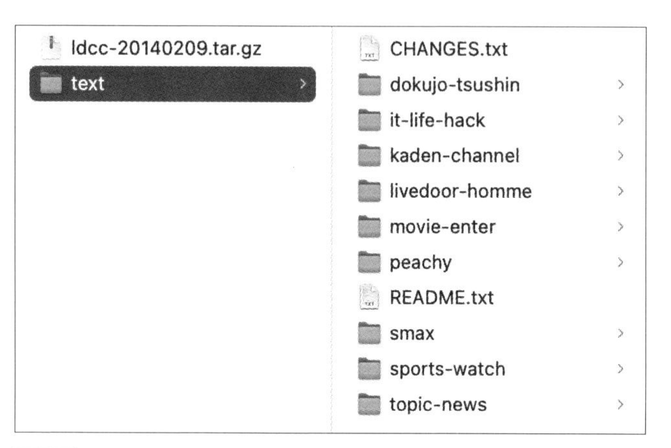

図7.2 解凍後のフォルダ構成

「text」フォルダの中に、複数のフォルダやファイルがあります。

この「text」フォルダを、Googleドライブ内に配置します。Googleドライブを開いて、適当な場所に好きな名前のフォルダを作りましょう。フォルダは、Googleドライブの画面左上「新規」を選択し、「新しいフォルダ」により作ることができます。

図7.3 の例では、「bert_book」というフォルダの中に「chapter_07」というフォルダを作っています。

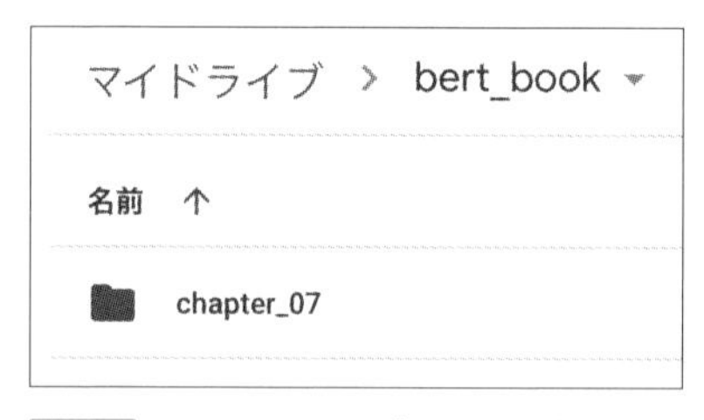

図7.3 Googleドライブにフォルダを作成

ここに、先ほどダウンロードして解凍した「text」フォルダをまるごとドラッグ&ドロップします。少々時間がかかりますが、アップロードが行われます。

その結果、「chapter_07」フォルダの中に新たに「text」フォルダが出現します（図7.4）。

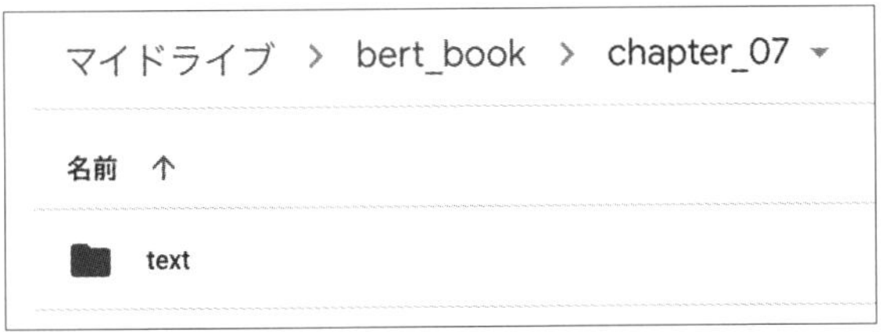

マイドライブ > bert_book > chapter_07
名前 ↑
text

図7.4 Googleドライブに「text」フォルダをアップロード

この中には、ダウンロードしたニュースのデータが入っています。本節では、このデータを訓練に使います。

7.3.3 ライブラリのインストール

Transformers、及び訓練データの読み込みに使うライブラリ「datasets」をインストールします。また、日本語データの読み込みに必要なライブラリ「fugashi」と「ipadic」もインストールします（リスト7.13）。

リスト7.13 必要なライブラリのインストール

In

```
!pip install transformers==4.26.0
!pip install datasets==2.10.1 fugashi==1.2.1 ipadic==1.0.0
```

Out

```
Looking in indexes: https://pypi.org/simple, ➡
https://us-python.pkg.dev/colab-wheels/public/simple/
Collecting transformers==4.26.0
  Downloading transformers-4.26.0-py3-none-any.whl ➡
(6.3 MB)
     ━━━━━━━━━━━━━━━━━━━━━━━━━━━━━━━━━━━━━━━━━━━━━━━━━➡
━━━━━━━━━━ 6.3/6.3 MB 39.1 MB/s eta 0:00:00
Requirement already satisfied: requests in /usr/local/➡
lib/python3.8/dist-packages (from transformers==4.26.0) ➡
(2.25.1)
Requirement already satisfied: tqdm>=4.27 in /usr/local/➡
lib/python3.8/dist-packages (from transformers==4.26.0) ➡
```

```
(4.64.1)
Requirement already satisfied: filelock in /usr/local/➡
lib/python3.8/dist-packages (from transformers==4.26.0) ➡
(3.9.0)
Collecting huggingface-hub<1.0,>=0.11.0
  Downloading huggingface_hub-0.12.1-py3-none-any.whl ➡
(190 kB)
     ━━━━━━━━━━━━━━━━━━━━━━━━━━━━━━━━━━━━━━━━━━━━━━━━━━━➡
━━━━━━━ 190.3/190.3 KB 11.5 MB/s eta 0:00:00
Collecting tokenizers!=0.11.3,<0.14,>=0.11.1
  Downloading tokenizers-0.13.2-cp38-cp38-manylinux➡
_2_17_x86_64.manylinux2014_x86_64.whl (7.6 MB)
     ━━━━━━━━━━━━━━━━━━━━━━━━━━━━━━━━━━━━━━━━━━━━━━━━━━━➡
━━━━━━━━━━ 7.6/7.6 MB 58.5 MB/s eta 0:00:00
Requirement already satisfied: pyyaml>=5.1 in ➡
/usr/local/lib/python3.8/dist-packages ➡
(from transformers==4.26.0) (6.0)
Requirement already satisfied: packaging>=20.0 in ➡
/usr/local/lib/python3.8/dist-packages ➡
(from transformers==4.26.0) (23.0)
Requirement already satisfied: numpy>=1.17 in ➡
/usr/local/lib/python3.8/dist-packages ➡
(from transformers==4.26.0) (1.22.4)
Requirement already satisfied: regex!=2019.12.17 in ➡
/usr/local/lib/python3.8/dist-packages ➡
(from transformers==4.26.0) (2022.6.2)
Requirement already satisfied: typing-extensions>=➡
3.7.4.3 in /usr/local/lib/python3.8/dist-packages ➡
(from huggingface-hub<1.0,>=0.11.0->transformers==➡
4.26.0) (4.5.0)
Requirement already satisfied: urllib3<1.27,>=1.21.1 ➡
in /usr/local/lib/python3.8/dist-packages ➡
(from requests->transformers==4.26.0) (1.26.14)
Requirement already satisfied: chardet<5,>=3.0.2 in ➡
/usr/local/lib/python3.8/dist-packages ➡
(from requests->transformers==4.26.0) (4.0.0)
Requirement already satisfied: idna<3,>=2.5 in ➡
/usr/local/lib/python3.8/dist-packages ➡
(from requests->transformers==4.26.0) (2.10)
Requirement already satisfied: certifi>=2017.4.17 in ➡
```

```
/usr/local/lib/python3.8/dist-packages ➡
(from requests->transformers==4.26.0) (2022.12.7)
Installing collected packages: tokenizers, ➡
huggingface-hub, transformers
Successfully installed huggingface-hub-0.12.1 ➡
tokenizers-0.13.2 transformers-4.26.0
Looking in indexes: https://pypi.org/simple, ➡
https://us-python.pkg.dev/colab-wheels/public/simple/
Collecting datasets==2.10.1
  Downloading datasets-2.10.1-py3-none-any.whl (469 kB)
     ────────────────────────────────────────────────────➡
──────── 469.0/469.0 KB 16.4 MB/s eta 0:00:00
Collecting fugashi==1.2.1
  Downloading fugashi-1.2.1-cp38-cp38-manylinux_2_17_➡
x86_64.manylinux2014_x86_64.whl (615 kB)
     ────────────────────────────────────────────────────➡
──────── 615.9/615.9 KB 57.8 MB/s eta 0:00:00
Collecting ipadic==1.0.0
  Downloading ipadic-1.0.0.tar.gz (13.4 MB)
     ────────────────────────────────────────────────────➡
─────────── 13.4/13.4 MB 89.2 MB/s eta 0:00:00
  Preparing metadata (setup.py) ... [?25l[?25hdone
Collecting responses<0.19
  Downloading responses-0.18.0-py3-none-any.whl (38 kB)
Requirement already satisfied: pandas in /usr/local/lib/➡
python3.8/dist-packages (from datasets==2.10.1) (1.3.5)
Requirement already satisfied: tqdm>=4.62.1 in /usr/➡
local/lib/python3.8/dist-packages (from datasets==➡
2.10.1) (4.64.1)
Requirement already satisfied: pyyaml>=5.1 in ➡
/usr/local/lib/python3.8/dist-packages ➡
(from datasets==2.10.1) (6.0)
Requirement already satisfied: pyarrow>=6.0.0 in ➡
/usr/local/lib/python3.8/dist-packages ➡
(from datasets==2.10.1) (9.0.0)
Requirement already satisfied: packaging in /usr/local/➡
lib/python3.8/dist-packages (from datasets==2.10.1) (23.0)
Collecting multiprocess
  Downloading multiprocess-0.70.14-py38-none-any.whl ➡
(132 kB)
```

```
━━━━━━━━━━━━━━━━━━━━━━━━━━━━━━━━━━━━━━━━➡
━━━━━━━ 132.0/132.0 KB 18.8 MB/s eta 0:00:00
Requirement already satisfied: requests>=2.19.0 in ➡
/usr/local/lib/python3.8/dist-packages ➡
(from datasets==2.10.1) (2.25.1)
Collecting dill<0.3.7,>=0.3.0
  Downloading dill-0.3.6-py3-none-any.whl (110 kB)
━━━━━━━━━━━━━━━━━━━━━━━━━━━━━━━━━━━━━━━━➡
━━━━━━━ 110.5/110.5 KB 16.1 MB/s eta 0:00:00
Requirement already satisfied: huggingface-hub<1.0.0,>=➡
0.2.0 in /usr/local/lib/python3.8/dist-packages ➡
(from datasets==2.10.1) (0.12.1)
Requirement already satisfied: numpy>=1.17 in ➡
/usr/local/lib/python3.8/dist-packages ➡
(from datasets==2.10.1) (1.22.4)
Requirement already satisfied: fsspec[http]>=2021.11.1 ➡
in /usr/local/lib/python3.8/dist-packages ➡
(from datasets==2.10.1) (2023.1.0)
Collecting xxhash
  Downloading xxhash-3.2.0-cp38-cp38-manylinux_2_17_➡
x86_64.manylinux2014_x86_64.whl (213 kB)
━━━━━━━━━━━━━━━━━━━━━━━━━━━━━━━━━━━━━━━━➡
━━━━━━━━━ 213.0/213.0 KB 1.1 MB/s eta 0:00:00
Requirement already satisfied: aiohttp in /usr/local/➡
lib/python3.8/dist-packages (from datasets==2.10.1) ➡
(3.8.4)
Requirement already satisfied: async-timeout<5.0,>=➡
4.0.0a3 in /usr/local/lib/python3.8/dist-packages ➡
(from aiohttp->datasets==2.10.1) (4.0.2)
Requirement already satisfied: frozenlist>=1.1.1 in ➡
/usr/local/lib/python3.8/dist-packages ➡
(from aiohttp->datasets==2.10.1) (1.3.3)
Requirement already satisfied: yarl<2.0,>=1.0 in ➡
/usr/local/lib/python3.8/dist-packages ➡
(from aiohttp->datasets==2.10.1) (1.8.2)
Requirement already satisfied: multidict<7.0,>=4.5 in ➡
/usr/local/lib/python3.8/dist-packages ➡
(from aiohttp->datasets==2.10.1) (6.0.4)
Requirement already satisfied: attrs>=17.3.0 in ➡
/usr/local/lib/python3.8/dist-packages ➡
```

```
(from aiohttp->datasets==2.10.1) (22.2.0)
Requirement already satisfied: charset-normalizer<4.0,>=➡
2.0 in /usr/local/lib/python3.8/dist-packages ➡
(from aiohttp->datasets==2.10.1) (3.0.1)
Requirement already satisfied: aiosignal>=1.1.2 in ➡
/usr/local/lib/python3.8/dist-packages ➡
(from aiohttp->datasets==2.10.1) (1.3.1)
Requirement already satisfied: typing-extensions>=➡
3.7.4.3 in /usr/local/lib/python3.8/dist-packages ➡
(from huggingface-hub<1.0.0,>=0.2.0->datasets==2.10.1) ➡
(4.5.0)
Requirement already satisfied: filelock in /usr/local/➡
lib/python3.8/dist-packages (from huggingface-hub➡
<1.0.0,>=0.2.0->datasets==2.10.1) (3.9.0)
Requirement already satisfied: chardet<5,>=3.0.2 in ➡
/usr/local/lib/python3.8/dist-packages ➡
(from requests>=2.19.0->datasets==2.10.1) (4.0.0)
Requirement already satisfied: urllib3<1.27,>=1.21.1 in ➡
/usr/local/lib/python3.8/dist-packages ➡
(from requests>=2.19.0->datasets==2.10.1) (1.26.14)
Requirement already satisfied: certifi>=2017.4.17 in ➡
/usr/local/lib/python3.8/dist-packages ➡
(from requests>=2.19.0->datasets==2.10.1) (2022.12.7)
Requirement already satisfied: idna<3,>=2.5 in /usr/➡
local/lib/python3.8/dist-packages (from requests>=➡
2.19.0->datasets==2.10.1) (2.10)
Requirement already satisfied: python-dateutil>=2.7.3 ➡
in /usr/local/lib/python3.8/dist-packages ➡
(from pandas->datasets==2.10.1) (2.8.2)
Requirement already satisfied: pytz>=2017.3 in ➡
/usr/local/lib/python3.8/dist-packages ➡
(from pandas->datasets==2.10.1) (2022.7.1)
Requirement already satisfied: six>=1.5 in /usr/local/➡
lib/python3.8/dist-packages (from python-dateutil>=➡
2.7.3->pandas->datasets==2.10.1) (1.15.0)
Building wheels for collected packages: ipadic
  Building wheel for ipadic (setup.py) ... [?25l[?25hdone
  Created wheel for ipadic: filename=ipadic-1.0.0-py3-➡
none-any.whl size=13556723 sha256=05c6681be8bc6e31cddcfb➡
6c410d072bbd0a9fe1da8c4ddc7a5eae7ad6e0d8b6
```

```
  Stored in directory: /root/.cache/pip/wheels/45/b7/f5/➡
a21e68db846eedcd00d69e37d60bab3f68eb20b1d99cdff652
Successfully built ipadic
Installing collected packages: ipadic, xxhash, fugashi, ➡
dill, responses, multiprocess, datasets
Successfully installed datasets-2.10.1 dill-0.3.6 ➡
fugashi-1.2.1 ipadic-1.0.0 multiprocess-0.70.14 ➡
responses-0.18.0 xxhash-3.2.0
```

7.3.4 Googleドライブとの連携

Googleドライブをマウントします。マウントすることで、Google Colaboratory からGoogleドライブへのアクセスが可能になります。

リスト7.14のコードを実行すると、アカウントの認証が行われ、Google ColaboratoryとGoogleドライブが接続されます。

また、先ほど「text」フォルダをアップロードしたフォルダのパスを文字列として設定しておきます。この場合、「/content/drive/My Drive/」までがGoogleドライブの「マイドライブ」のパスなので、その後に作成したフォルダへのパスを書くことになります。「bert_book/chapter_07/」の箇所は、各自のフォルダ構成に合わせて変更してください。

リスト7.14 Googleドライブとの連携

In

```
from google.colab import drive

drive.mount("/content/drive/")

# ----- 以下の、bert_book/以降をフォルダ構成に合わせて変更してくだ➡
さい -----
base_path = "/content/drive/My Drive/bert_book/➡
chapter_07/"
```

Out

```
Mounted at /content/drive/
```

7.3.5　データセットの読み込み

Googleドライブに保存されている、livedoorニュースのデータセットを読み込みます。

リスト7.15のコードでは、まず「text」フォルダ内のディレクトリ（フォルダ）一覧を取得します。dirsにはニュースが入ったディレクトリ名の一覧が入ります。

for文によるループで処理を行いますが、このループの中でtext_label_dataにはテキストとラベルをセットにしたものが格納されます。ループの中で、ファイルの一覧を取得して、各ファイルを読み込んでテキストから不要な文字を取り除き、ラベルとペアにしてtext_label_dataに格納します。

最後に、ファイルの総数とフォルダの数を表示します。

リスト7.15　データセットの読み込みと前処理

In

```
import glob  # ファイルの取得に使用
import os

text_path = base_path + "text/"  # フォルダの場所を指定

dir_files = os.listdir(path=text_path)  # ファイルとディレク➡
トリ一覧
dirs = [f for f in dir_files if os.path.isdir➡
(os.path.join(text_path, f))]  # ディレクトリ一覧

text_label_data = []  # 文章とラベルのセット
dir_count = 0  # ディレクトリ数のカウント
file_count= 0  # ファイル数のカウント

for i in range(len(dirs)):
    dir = dirs[i]
    files = glob.glob(text_path + dir + "/*.txt") ➡
# ファイルの一覧
    dir_count += 1

    for file in files:
        if os.path.basename(file) == "LICENSE.txt":
            continue
```

```
        with open(file, "r") as f:
            text = f.readlines()[3:]  # 先頭の3行を除去
            text = "".join(text)  # リストを文字列に変換
            text = text.translate(str.maketrans({"\n":➡
"", "\t":"", "\r":"", "\u3000":""}))  # 特殊文字を除去
            text_label_data.append([text, i])

        file_count += 1

print("\rfiles: " + str(file_count) + "dirs: " + ➡
str(dir_count), end="")
```

Out

```
files: 7387dirs: 9
```

ファイルの総数は7387、フォルダの数は9になります。

7.3.6　データの保存

データを訓練データとテストデータに分割し、csvファイルとしてGoogleドライブに保存します。

今回は、sklearn.model_selectionのtrain_test_split()を使ってデータを訓練データとテストデータに分割します。リスト7.16のコードでは特にテストデータの割合は指定していないので、25%がテストデータになります。

ここで、「csv」というフォルダが存在しない場合は新たに作ります。ここに、訓練データを「train_data.csv」という名前で、テストデータを「test_data.csv」という名前でそれぞれ保存します。

リスト7.16　データをcsvファイルに保存する

In

```
import csv
from sklearn.model_selection import train_test_split

train_data, test_data =  train_test_split➡
(text_label_data, shuffle=True)  # 訓練用とテスト用に分割
csv_path = base_path + "csv/"
```

```
if not os.path.exists(csv_path):  # ディレクトリが存在しなければ
    os.makedirs(csv_path)  # ディレクトリを作成

with open(csv_path+"train_data.csv", "w") as f:
    writer = csv.writer(f)
    writer.writerows(train_data)

with open(csv_path+"test_data.csv", "w") as f:
    writer = csv.writer(f)
    writer.writerows(test_data)
```

7.3.7 モデルとトークナイザーの読み込み

日本語の事前学習済みモデルと、これと紐付いたトークナイザーを読み込みます。

今回はニュースの分類を行うため、`BertForSequenceClassification`によりテキスト分類を行います。その際に「cl-tohoku/bert-base-japanese」を指定することで、東北大学が作成した日本語のBERTモデルが読み込まれます。また、`num_labels=9`と設定することで9クラス分類になります。

また、トークナイザーに`BertJapaneseTokenizer`を使います。ここでも「cl-tohoku/bert-base-japanese」を指定し、モデルに対応したトークナイザーにします。

トークナイザーは、関数の形にして扱いやすくしておきます。`tokenize()`というバッチが引数の関数を設定します。

この関数では、受け取ったバッチからテキストデータを取り出してトークナイザーに入れます。その際に、`padding=True`に設定して、短い文章は末尾を`[PAD]`トークンで埋めるようにします。また、`truncation=True`と設定し、最大のテキストのサイズ以上を切り捨てます。そして、`max_length=512`と設定し、テキストの最大長さを512に決めます（リスト7.17）。

リスト7.17 モデルとトークナイザーの読み込み

In

```
from transformers import BertForSequenceClassification, ➡
BertJapaneseTokenizer

sc_model = BertForSequenceClassification.➡
```

```
from_pretrained("cl-tohoku/bert-base-japanese", ➡
num_labels=9)
tokenizer = BertJapaneseTokenizer.from_pretrained➡
("cl-tohoku/bert-base-japanese")

def tokenize(batch):
    return tokenizer(batch["text"], padding=True, ➡
truncation=True, max_length=512)
```

Out

```
Downloading (…)lve/main/config.json: 100% ████████ ➡
479/479 [00:00<00:00, 17.2kB/s]
Downloading (…)"pytorch_model.bin";: 100% ████████ ➡
445M/445M [00:04<00:00, 92.0MB/s]

Some weights of the model checkpoint at cl-tohoku/bert-➡
base-japanese were not used when initializing ➡
BertForSequenceClassification: ['cls.predictions.➡
transform.dense.weight', 'cls.predictions.decoder.➡
weight', 'cls.seq_relationship.bias', 'cls.predictions.➡
transform.LayerNorm.weight', 'cls.predictions.bias', ➡
'cls.predictions.transform.dense.bias', ➡
'cls.predictions.transform.LayerNorm.bias', ➡
'cls.seq_relationship.weight']
- This IS expected if you are initializing ➡
BertForSequenceClassification from the checkpoint of ➡
a model trained on another task or with another ➡
architecture (e.g. initializing ➡
a BertForSequenceClassification model from ➡
a BertForPreTraining model).
- This IS NOT expected if you are initializing ➡
BertForSequenceClassification from the checkpoint of ➡
a model that you expect to be exactly identical ➡
(initializing a BertForSequenceClassification model ➡
from a BertForSequenceClassification model).
Some weights of BertForSequenceClassification were not ➡
initialized from the model checkpoint at cl-tohoku/➡
bert-base-japanese and are newly initialized: ➡
['classifier.weight', 'classifier.bias']
You should probably TRAIN this model on a down-stream ➡
```

```
task to be able to use it for predictions and inference.

Downloading (…)solve/main/vocab.txt: 100% ██████████ ➡
258k/258k [00:00<00:00, 369kB/s]
Downloading (…)okenizer_config.json: 100% ██████████ ➡
104/104 [00:00<00:00, 4.43kB/s]
```

7.3.8 データの前処理

データセットを読み込み、必要な処理を行います。

リスト7.18のコードでは、まずload_dataset()によりcsvファイルを読み込みます。このデータは一種のテーブルとして扱われるので、column_names=["text", "label"]により各カラム（列）の名前を設定します。そして、split="train"に設定します。

その後、train_dataに対してmap()メソッドを使って処理を行います。map()を使えば、各要素に対してそれぞれ処理を行うことができます。先ほどのtokenize()関数で処理して、形式を整えます。この場合、batch_size=len(train_data)と設定し、バッチサイズを訓練データ全体のサイズ設定して一度に処理します。

そして、set_format()メソッドによりフォーマットを整えます。各カラム（列）を設定します。この場合、"input_ids"と"label"の2つのカラムを設定しますが、この順番にカラムが並ぶことになります。また、今回PyTorchの形式でデータを扱うので、"torch"と設定します。

テスト用データtest_dataの方も同様に、トークナイズしフォーマットを整えます。既に訓練データとテストデータは分割済みで、split="test"やsplit="validation"は設定できないので、ここでもsplit="train"に設定します。今回はこのデータを検証用に使うので、変数名はeval_dataとしておきます。

リスト7.18 データの前処理

In

```
from datasets import load_dataset

train_data = load_dataset("csv", data_files=csv_path+➡
"train_data.csv", column_names=["text", "label"], ➡
split="train")
train_data = train_data.map(tokenize, batched=True, ➡
batch_size=len(train_data))
train_data.set_format("torch", columns=["input_ids", ➡
"label"])

eval_data = load_dataset("csv", data_files=csv_path+➡
"test_data.csv", column_names=["text", "label"], ➡
split="train")
eval_data = eval_data.map(tokenize, batched=True, ➡
batch_size=len(eval_data))
eval_data.set_format("torch", columns=["input_ids", ➡
"label"])
```

Out

```
Downloading and preparing dataset csv/default to /root/➡
.cache/huggingface/datasets/csv/default-4891113933b46b1➡
7/0.0.0/6b34fb8fcf56f7c8ba51dc895bfa2bfbe43546f190a60fc➡
f74bb5e8afdcc2317...

Downloading data files: 100% ██████████ ➡
1/1 [00:00<00:00, 46.19it/s]
Extracting data files: 100% ██████████ ➡
1/1 [00:00<00:00, 14.01it/s]

Dataset csv downloaded and prepared to /root/.cache/➡
huggingface/datasets/csv/default-4891113933b46b17/0.0.➡
0/6b34fb8fcf56f7c8ba51dc895bfa2bfbe43546f190a60fcf74bb5➡
e8afdcc2317. Subsequent calls will reuse this data.
```

```
Downloading and preparing dataset csv/default to /root/➡
.cache/huggingface/datasets/csv/default-a5cca9587ba1f11➡
d/0.0.0/6b34fb8fcf56f7c8ba51dc895bfa2bfbe43546f190a60fc➡
f74bb5e8afdcc2317...

Downloading data files: 100% ➡
1/1 [00:00<00:00, 50.03it/s]
Extracting data files: 100% ➡
1/1 [00:00<00:00, 22.51it/s]

Dataset csv downloaded and prepared to /root/.cache/➡
huggingface/datasets/csv/default-a5cca9587ba1f11d/0.0.➡
0/6b34fb8fcf56f7c8ba51dc895bfa2bfbe43546f190a60fcf74bb5➡
e8afdcc2317. Subsequent calls will reuse this data.
```

7.3.9 評価用の関数

sklearn.metricsのaccuracy_scoreを使い、モデルの精度を評価するための関数を定義します（リスト7.19）。

リスト7.19 評価用の関数

In

```
from sklearn.metrics import accuracy_score

def compute_metrics(result):
    labels = result.label_ids
    preds = result.predictions.argmax(-1)
    acc = accuracy_score(labels, preds)
    return {
        "accuracy": acc,
    }
```

7.3.10　TrainingArgumentsの設定

TrainingArgumentsクラスによりハイパーパラメータを設定します。リスト7.20のコードの設定は、エポック数が2であること以外は**6.3.6項**と同じです。

リスト7.20 TrainingArgumentsの設定

In

```
from transformers import TrainingArguments

training_args = TrainingArguments(
    output_dir = "./results",  # 結果を格納するディレクトリ
    logging_dir = "./logs",  # 途中経過のログを格納するディレク➡
トリ
    num_train_epochs = 2,  # エポック数
    per_device_train_batch_size = 8,  # 訓練時のバッチサイズ
    per_device_eval_batch_size = 32,  # 評価時のバッチサイズ
    warmup_steps=500,  # 学習係数がこのステップ数で徐々に増加
    weight_decay=0.01,  # 重みの減衰率
    evaluation_strategy = "steps"  # 訓練中、一定のステップ➡
ごとに評価
)
```

7.3.11　Trainerの設定

Trainerクラスによりトレーナーを設定します。リスト7.21のトレーナーの設定は、**6.3.7項**と同じです。

リスト7.21 Trainerの設定

In

```
from transformers import Trainer

trainer = Trainer(
    model = sc_model,  # 使用するモデルを指定
    args = training_args,  # TrainingArgumentsの設定
    compute_metrics = compute_metrics,  # 評価用の関数
    train_dataset = train_data,  # 訓練用のデータ
    eval_dataset = eval_data  # 評価用のデータ
)
```

7.3.12 モデルの訓練

設定に基づき、モデルを追加で訓練します。今回も層の凍結は行わずに、全ての層を追加で訓練します。

訓練に必要な時間はその時点の環境により変動しますが、おおよそ20分程度です（リスト7.22）。

リスト7.22 モデルの訓練

In

```
trainer.train()
```

Out

```
The following columns in the training set don't have a ➡
corresponding argument in ➡
`BertForSequenceClassification.forward` and have been ➡
ignored: text. If text are not expected ➡
by `BertForSequenceClassification.forward`, ➡
you can safely ignore this message.
/usr/local/lib/python3.8/dist-packages/transformers/➡
optimization.py:306: FutureWarning: This implementation ➡
of AdamW is deprecated and will be removed in a future ➡
version. Use the PyTorch implementation torch.optim.➡
AdamW instead, or set `no_deprecation_warning=True` to ➡
disable this warning
  warnings.warn(
***** Running training *****
  Num examples = 5540
  Num Epochs = 2
  Instantaneous batch size per device = 8
  Total train batch size (w. parallel, distributed & ➡
accumulation) = 8
  Gradient Accumulation steps = 1
  Total optimization steps = 1386
  Number of trainable parameters = 110624265


                                [1386/1386 20:13, Epoch 2/2]
```

```
Step    Training Loss   Validation Loss Accuracy
------------------------------------------------
500     1.003500        0.616479        0.824580
1000    0.276900        0.285308        0.927450

The following columns in the evaluation set don't have ➡
a corresponding argument in ➡
`BertForSequenceClassification.forward` and have been ➡
ignored: text. If text are not expected by ➡
`BertForSequenceClassification.forward`,  you can ➡
safely ignore this message.
***** Running Evaluation *****
  Num examples = 1847
  Batch size = 32
Saving model checkpoint to ./results/checkpoint-500
Configuration saved in ./results/checkpoint-500/➡
config.json
Model weights saved in ./results/checkpoint-500/➡
pytorch_model.bin
The following columns in the evaluation set don't have ➡
a corresponding argument in ➡
`BertForSequenceClassification.forward` and have been ➡
ignored: text. If text are not expected ➡
by `BertForSequenceClassification.forward`,  you can ➡
safely ignore this message.
***** Running Evaluation *****
  Num examples = 1847
  Batch size = 32
Saving model checkpoint to ./results/checkpoint-1000
Configuration saved in ./results/checkpoint-1000/➡
config.json
Model weights saved in ./results/checkpoint-1000/➡
pytorch_model.bin

Training completed. Do not forget to share your model ➡
on huggingface.co/models =)


TrainOutput(global_step=1386, training_loss=➡
0.509740788183171, metrics={'train_runtime': 1216.4081, ➡
```

```
'train_samples_per_second': 9.109, ➡
'train_steps_per_second': 1.139, 'total_flos': ➡
2915453718650880.0, 'train_loss': 0.509740788183171, ➡
'epoch': 2.0})
```

ステップを重ねると訓練誤差、評価誤差ともに小さくなり、精度が向上します。

7.3.13　モデルの評価

Trainerのevaluate()メソッドによりモデルを評価します（リスト7.23）。

リスト7.23 モデルの評価

In

```
trainer.evaluate()
```

Out

```
The following columns in the evaluation set don't have ➡
a corresponding argument in ➡
`BertForSequenceClassification.forward` and have been ➡
ignored: text. If text are not expected ➡
by `BertForSequenceClassification.forward`,  you can ➡
safely ignore this message.
***** Running Evaluation *****
  Num examples = 1847
  Batch size = 32


[58/58 00:58]
{'eval_loss': 0.2591341733932495,
 'eval_accuracy': 0.9404439631835408,
 'eval_runtime': 59.5322,
 'eval_samples_per_second': 31.025,
 'eval_steps_per_second': 0.974,
 'epoch': 2.0}
```

評価用のデータを使った精度が約94%となりました。ニュースを約94%の確率で正しく分類できることになります。

7.3.14 モデルの保存

訓練済みのモデルを保存します。保存ができれば、モデルの様々な応用が可能になります。同じノートブックの中だけではなくて、他のノートブックやWEBアプリ、モバイルアプリなどでモデルが利用できるようになります。

リスト7.24のコードでは、save_pretrained()メソッドを使い、「model」フォルダに訓練済みモデルとトークナイザーをそれぞれ保存します。

リスト7.24 モデルの保存

In

```
model_path = base_path + "model/"

if not os.path.exists(model_path):  # ディレクトリが存在しなけ➡
れば
    os.makedirs(model_path)  # ディレクトリを作成

sc_model.save_pretrained(model_path)
tokenizer.save_pretrained(model_path)
```

Out

```
Configuration saved in /content/drive/My Drive/➡
bert_book/chapter_07/model/config.json
Model weights saved in /content/drive/My Drive/➡
bert_book/chapter_07/model/pytorch_model.bin
tokenizer config file saved in /content/drive/My Drive/➡
bert_book/chapter_07/model/tokenizer_config.json
Special tokens file saved in /content/drive/My Drive/➡
bert_book/chapter_07/model/special_tokens_map.json

('/content/drive/My Drive/bert_book/chapter_07/model/➡
tokenizer_config.json',
 '/content/drive/My Drive/bert_book/chapter_07/model/➡
special_tokens_map.json',
 '/content/drive/My Drive/bert_book/chapter_07/model/➡
vocab.txt',
 '/content/drive/My Drive/bert_book/chapter_07/model/➡
added_tokens.json')
```

7.3.15 モデルの読み込み

保存されたモデルを読み込んでみましょう。リスト7.25のコードでは、from_pretrained()メソッドを使い保存済みのモデルを読み込みます。このように、パスを指定することで自前で用意したモデルを読み込むこともできます。

トークナイザーの方も同様に読み込みます。

リスト7.25 モデルの読み込み

In

```
loaded_model = BertForSequenceClassification.➡
from_pretrained(model_path)
loaded_tokenizer = BertJapaneseTokenizer.➡
from_pretrained(model_path)
```

Out

```
loading configuration file /content/drive/My Drive/➡
bert_book/chapter_07/model/config.json
Model config BertConfig {
  "_name_or_path": "cl-tohoku/bert-base-japanese",
  "architectures": [
    "BertForSequenceClassification"
  ],
  "attention_probs_dropout_prob": 0.1,
  "classifier_dropout": null,
  "hidden_act": "gelu",
  "hidden_dropout_prob": 0.1,
  "hidden_size": 768,
  "id2label": {
    "0": "LABEL_0",
    "1": "LABEL_1",
    "2": "LABEL_2",
    "3": "LABEL_3",
    "4": "LABEL_4",
    "5": "LABEL_5",
    "6": "LABEL_6",
    "7": "LABEL_7",
    "8": "LABEL_8"
  },
  "initializer_range": 0.02,
```

```
  "intermediate_size": 3072,
  "label2id": {
    "LABEL_0": 0,
    "LABEL_1": 1,
    "LABEL_2": 2,
    "LABEL_3": 3,
    "LABEL_4": 4,
    "LABEL_5": 5,
    "LABEL_6": 6,
    "LABEL_7": 7,
    "LABEL_8": 8
  },
  "layer_norm_eps": 1e-12,
  "max_position_embeddings": 512,
  "model_type": "bert",
  "num_attention_heads": 12,
  "num_hidden_layers": 12,
  "pad_token_id": 0,
  "position_embedding_type": "absolute",
  "problem_type": "single_label_classification",
  "tokenizer_class": "BertJapaneseTokenizer",
  "torch_dtype": "float32",
  "transformers_version": "4.26.0",
  "type_vocab_size": 2,
  "use_cache": true,
  "vocab_size": 32000
}

loading weights file /content/drive/My Drive/bert_book/➡
chapter_07/model/pytorch_model.bin
All model checkpoint weights were used when ➡
initializing BertForSequenceClassification.

All the weights of BertForSequenceClassification ➡
were initialized from the model checkpoint at /content/➡
drive/My Drive/bert_book/chapter_07/model/.
If your task is similar to the task the model of the ➡
checkpoint was trained on, you can already use ➡
BertForSequenceClassification for predictions without ➡
further training.
```

```
loading file vocab.txt
loading file spiece.model
loading file added_tokens.json
loading file special_tokens_map.json
loading file tokenizer_config.json
```

7.3.16 日本語ニュースの分類

読み込んだモデルを使ってニュースを分類します。

リスト7.26のコードでは、「movie-enter」のフォルダからニュースを1つ取り出し、正しく分類できることを確かめます。インデックスが12のニュースを取り出していますが、12という数字には特に意味はなくて、適当なニュースを1つ取り出したことになります。

ニュースの本文を取り出し、不要な文字を取り除きます。そして、その本文を表示します。

その上で、トークナイザーを使って本文をトークナイズし、単語をIDに変換します。

さらに、PyTorchのテンソルに変換してモデルへの入力xとしますが、今回のモデルは入力の単語の数の上限が512なので、入力単語数の上限を512に設定します。

この入力xを先ほど読み込んだモデルに渡すことで、予測が行われます。

得られた出力yはタプルの形式なのですが、最初の要素に予測結果が入っています。9クラス分の出力がありますが、この中で最も値が大きいクラスのインデックスを、argmax(-1)により獲得します。

そして、得られた最大値のインデックスpredに対応したニュースのフォルダ名を表示します。これにより、どのカテゴリに分類されたかがわかります。

リスト7.26 日本語ニュースの分類

In

```
import glob  # ファイルの取得に使用
import os
import torch

category = "movie-enter"
files = glob.glob(text_path + category + "/*.txt")  ➡
```

```
# ファイルの一覧
file = files[12]  # 適当なニュース

dir_files = os.listdir(path=text_path)
dirs = [f for f in dir_files if os.path.isdir➡
(os.path.join(text_path, f))]  # ディレクトリ一覧

with open(file, "r") as f:
    sample_text = f.readlines()[3:]  # 先頭の3行を除去
    sample_text = "".join(sample_text)  # リストを文字列に変換
    sample_text = sample_text.translate(str.maketrans➡
({"\n":"", "\t":"", "\r":"", "\u3000":""}))  # 特殊文字を除去

print(sample_text)

max_length = 512
words = loaded_tokenizer.tokenize(sample_text)
word_ids = loaded_tokenizer.convert_tokens_to_ids➡
(words)  # 単語をIDに変換
x = torch.tensor([word_ids[:max_length]])  # テンソルに変換

y = loaded_model(x)  # 予測
pred = y[0].argmax(-1)  # 最大値のインデックス
print("result:", dirs[pred])
```

Out

```
ムービーエンターの今年の俳優・女優取材を紹介する「2011年インタビューまと➡
め」。前回の第3弾では、ジャーナリストの大宅映子やアイドルのAeLL.の過激な➡
発言について振り返った。第4弾は、7月から8月にかけてのインタビュー。紹介➡
する著名人は、「日笠陽子」「あやまんJAPAN」「藤岡みなみ」「渡辺謙＆菊地凛子」➡
「大泉洋＆松田龍平」「プラッチャヤー・ピンゲーオ」「相武紗季」こちらの7組。➡
大御所・渡辺謙の緊張感あふれる取材や宴会娘・あやまんJAPANのトラブル大勃➡
発取材など一挙にご紹介しよう。■日笠陽子／『アイ・アム・ナンバー4』スティ➡
ーヴン・スピルバーグ×マイケル・ベイによるアクション巨編『アイ・アム・ナン➡
バー4』を「けいおん！」の秋山澪　役で注目を集める人気声優の日笠陽子に鑑賞し➡
てもらい感想を語ってもらった。作品のこと以外に「女子中、女子高だったので、➡
学生時代の恋愛に憧れはすごくあった」など自身の学生生活についても語ってくれ➡
た。・日笠陽子「人の目には見えない力ってあると思う」（7月4日）■あやまん➡
JAPAN／『ハングオーバー！！史上最悪の二日酔い、国境を越える』今や押しも押➡
されもせぬ人気となったあやまんJAPAN。宴会芸と二日酔い映画という「酒」つ➡
```

```
ながりということで『ハングオーバー』の感想を語ってもらうことになった。とこ➡
ろが、取材現場に現れた彼女たちは、ほろ酔い状態。突然、記者の膝の上に座るな➡
どの奇行に走りだす。トラブル続出の取材の結果はこちら。・あやまんJAPAN「記➡
憶はないけど、酔っぱらってるうちに作品ができあがっている」(7月8日) ■藤岡➡
みなみ／『カンフー・パンダ2』あやまんJAPANが「酒」つながりならば、こち➡
らは「パンダ」つながり。藤岡みなみは、パンダマニア歴13年だけあって『カン➡
フー・パンダ2』を観る時の視点も通常と異なっていた。パンダの指の本数や文化➡
の成り立ちについても言及している。そして、ちょっと気になる「パンチラ」の話➡
なども。・藤岡みなみ「抜けているところにキュンとくる」(8月17日) 1 2
result: movie-enter
```

ニュースのテキストが表示されていますが、これは明らかに映画やエンターテイメントに関するニュースです。

このニュースを入力にして予測した結果、正しく「movie-enter」のカテゴリに分類できました。

精度は約94%なので、たいていの場合正しく分類できるはずです。

以上のように、日本語の事前学習済みのモデルにファインチューニングを行うことで、比較的短い時間で精度の良い自然言語処理のモデルを構築することができます。

7.4 Chapter7のまとめ

本チャプターでは、最初に様々なBERTの活用例を解説しました。その上で、BERTの日本語モデルを読み込んで、その扱い方を学びました。最後に、BERTの日本語モデルをファインチューニングし、日本語ニュースの分類を行いました。

今回はニュースを分類するタスクを主に扱いましたが、他にも様々なタスクに対してBERTを適応することが可能です。ぜひ様々なタスクに対してBERTを適用して遊んでみてください。

Appendix

さらに学びたい方のために

本書の最後に、さらに学びたい方へ向けて有用な情報を提供します。

AP1.1 さらに学びたい方のために

さらに学びたい方へ向けて有用な情報を提供します。

AP1.1.1　コミュニティ「自由研究室 AIRS-Lab」

「AI」をテーマに交流し、創造するWeb上のコミュニティ「自由研究室 AIRS-Lab」を開設しました。

メンバーにはUdemy新コースの無料提供、毎月のイベントへの参加、Slackコミュニティへの参加などの特典があります。

- **自由研究室 AIRS-Lab**
  URL　https://www.airs-lab.jp/

AP1.1.2　著書

著者の他の著書を紹介します。

- **『Google Colaboratoryで学ぶ！あたらしい人工知能技術の教科書』（翔泳社）**
  URL　https://www.shoeisha.co.jp/book/detail/9784798167213

本書はGoogle Colaboratoryやプログラミング言語Pythonの解説から始まりますが、チャプターが進むにつれてCNNやRNN、生成モデルや強化学習、転移学習などの有用な人工知能技術の習得へつながっていきます。

フレームワークにKerasを使い、CNN、RNN、生成モデル、強化学習などの様々なディープラーニング関連技術を幅広く学びます。

『あたらしい脳科学と人工知能の教科書』（翔泳社）

URL https://www.shoeisha.co.jp/book/detail/9784798164953

本書は脳と人工知能のそれぞれの概要から始まり、脳の各部位と機能を解説した上で、人工知能の様々なアルゴリズムとの接点をわかりやすく解説します。

脳と人工知能の、類似点と相違点を学ぶことができますが、後半の章では「意識の謎」にまで踏み込みます。

『Pythonで動かして学ぶ！あたらしい数学の教科書 機械学習・深層学習に必要な基礎知識』（翔泳社）

URL https://www.shoeisha.co.jp/book/detail/9784798161174

この書籍は、AI向けの数学をプログラミング言語Pythonとともに基礎から解説していきます。手を動かしながら体験ベースで学ぶので、AIを学びたいけれど数学に敷居の高さを感じる方に特にお勧めです。線形代数、確率、統計/微分といった数学の基礎知識をコードとともにわかりやすく解説します。

『はじめてのディープラーニング -Pythonで学ぶニューラルネットワークとバックプロパゲーション-』（SBクリエイティブ社）

URL https://www.sbcr.jp/product/4797396812/

この書籍では、知能とは何か？から始めて、少しずつディープラーニングを構築していきます。人工知能の背景知識と、実際の構築方法をバランスよく学んでいきます。TensorFlowやPyTorchなどのフレームワークを使用しないので、ディープラーニング、人工知能についての汎用的なスキルが身につきます。

『はじめてのディープラーニング2-Pythonで実装する再帰型ニューラルネットワークとVAE, GAN-』（SBクリエイティブ社）

URL https://www.sbcr.jp/product/4815605582/

本作では自然言語処理の分野で有用な再帰型ニューラルネットワーク（RNN）と、生成モデルであるVAE（Variational Autoencoder）とGAN（Generative Adversarial Networks）について、数式からコードへとシームレスに実装します。実装は前著を踏襲してPython、NumPyのみで行い、既存のフレームワークに頼りません。

AP1.1.3　News! AIRS-Lab

AIの話題、講義動画、Udemyコース割引などのコンテンツを配信する無料のメルマガです。

- **メルマガ登録**
  URL　https://www.airs-lab.jp/newsletter

- **バックナンバー**
  URL　https://note.com/yuky_az/m/m36799465e0f4

AP1.1.4　YouTubeチャンネル「AI教室 AIRS-Lab」

著者のYouTubeチャンネル「AI教室 AIRS-Lab」では、無料の講座が多数公開されています。また、毎週月曜日、21時から人工知能関連の技術を扱うライブ講義が開催されています。

- **AI教室 AIRS-Lab**
  URL　https://www.youtube.com/channel/UCT_HwlT8bgYrpKrEvw0jH7Q

AP1.1.5　オンライン講座

著者は、Udemyでオンライン講座を多数展開しています。人工知能などのテクノロジーについてさらに詳しく学びたい方は、ぜひご活用ください。

- **Udemyのオンライン講座**
  URL　https://www.udemy.com/user/wo-qi-xing-chang/

AP1.1.6　著者のTwitterアカウント

著者のTwitterアカウントです。もしご興味があれば、ぜひフォローしてください。

- **Twitterアカウント**
  URL　https://twitter.com/yuky_az

AP1.1.7　最後に

本書を最後までお読みいただき、ありがとうございました。

BERTの実装、いかがでしたでしょうか。本書を最後まで読んでコードに向き合った方は、BERTの訓練済みモデルをタスクに合わせてファインチューニングし、問題の解決につなげる力が身についたかと思います。自然言語処理技術が、より身近になったのではないでしょうか。

BERTを体験し、何らかの手応えを感じていただけのであれば、著者として嬉しく思います。新しい技術に興味を持って試してみることは、たとえすぐにその技術を使わなくてもとても大事なことです。本書で学んだ技術が何かと結びついて、新しい芽が生まれることを願っています。

本書は、著者が講師を務めるUdemy講座「BERTによる自然言語処理を学ぼう！ -Attention、TransformerからBERTへとつながるNLP技術-」をベースにしています。これら講座の運用の経験なしに、本書を執筆することは非常に難しかったと思います。いつも講座をサポートしてくださっているUdemyスタッフの皆様に、この場を借りて感謝を申し上げます。また、受講生の皆様からいただいた多くのフィードバックは、本書を執筆する上で大いに役に立ちました。講座の受講生の皆様にも、感謝を申し上げます。

また、翔泳社の宮腰様には、本書を執筆するきっかけを与えていただいた上、完成へ向けて多大なるご尽力をいただきました。改めてお礼を申し上げます。

そして、著者が主催するコミュニティ「自由研究室 AIRS-Lab」のメンバーとのやりとりは、本書の内容の改善に大変役に立ちました。メンバーの皆様に感謝です。

皆様の今後の人生において、本書の内容が何らかの形でお役に立てば著者として嬉しい限りです。

それでは、別の本でまたお会いしましょう。

2023年7月吉日

我妻幸長

数字

12時間ルール……041
90分ルール……041

A/B/C

Accuracy……205
AdaGrad……089
Adam……090
AdamW……185
Adaptive moment estimation……090
AI……008
ALBERT……112
Alexa……013
anome……013
Applying BERT models to Search……214
Attention……001, 002, 022, 143, 150
Attention Head……160
Attention weight……154
BERT……001, 027, 111, 143, 213
BertAttention……121
BertConfig……115, 130
BertConfigクラス……167
BertEmbeddings……166
BertEncoder……166
BertForMaskedLM……117, 128, 130, 132
BertForNextSentencePrediction……128, 134, 228
BertForSequenceClassification……122, 179, 193, 241
BertIntermediate……121
BertJapaneseTokenizer……224, 241
BertLayer……121
BertLayerクラス……166
BertModel……115, 163
BertOnlyMLMHead……121
BertOutput……121, 166
BertPooler……167
BERTSUM……216, 217
BertTokenizer……115, 186
BertTokenizerFast……193
BertTokenizerクラス……126
BERTの活用例……213
BERTの日本語モデル……213, 219
BERTモデル……163
Bidirectional……029, 146
Birdirectional Encoder Representation from Transformers……027
CBOW……015
ChatGPT……013
CNN……060
compute_metrics()関数……199
configuration classes……113, 127
CPU……035, 043
CrossEntropyLoss()関数……085

D/E/F

DataLoader……097
datasets……219
Decoder……020, 217
Decoupled Weight Decay Regularization……185
Deep learning……010
DeepL……012
dill……190
Embedding層……151
Encoder……020, 024, 217
EOS……020
eval_accuracy……205
eval_loss……205
evaluate()メソッド……205, 249
Feed forward network……023, 024, 025, 151
Fine-Tuning……028
from_numpy()関数……065
from_pretrained()メソッド……251
fugashi……219

G/H/I

GiNZA……013
Git……051
GitHub……051
Google……001, 012
Google Colaboratory……001, 002, 035, 036
Google Home……013
Googleアカウント……036
Googleドライブ……039, 231
GPT……112
GPT-3……013
GPU……035, 043, 044
gradient descent……086
GRU……017
Head……157
Hugging Face……112
hyperbolic tangent……077
IMDbデータセット……194, 195
Input……152, 153
ipadic……219
item()メソッド……071
ITライフハック……231

J/K/L

JUMAN……013
Key……151
LaBSE……215
Language-Agnostic BERT Sentence Embedding……215
LaTeX……054
LaTeX形式……005
LayerNorm……121
Linear……124
linspace()関数……065
livedoor……231
LSTM……017

M/N/O

map()メソッド……243
Markdown記法……005
Masked Language Model……029, 148
masked language model……215
Masked Multi-Head Attention……158
matplotlib……188
MeCab……013
Memory……152, 153, 154
MLM……215

MobileBERT ... 112
model classes ... 113, 127
Momentum ... 088
MOVIE ENTER ... 231
MSELoss()関数 ... 084
Multi-Head Attention ... 158
Multi-Head Attention層 ... 023, 024, 025, 026, 151
Natural Language Processing ... 012
News! AIRS-Lab ... 260
Next Sentence Prediction ... 029, 145, 148
NLP ... 012
nlp ... 190, 194
nn ... 079
normalization ... 023
Normalization ... 024, 025, 026, 151
NSP ... 145
NumPy ... 065
numpy()メソッド ... 065
one-hot表現 ... 014, 084
Optimizer ... 086, 087

P/Q/R

Paragraph ... 028
Peachy ... 231
Position Embeddings ... 146
Positional Encoding ... 159, 160
Positional Encoding層 ... 023, 024, 025, 151
Positionwise fully connected feed-forward network ... 159
PreTrainedModel ... 125
Pre-training ... 028
PyTorch ... 001, 002, 045, 057
Query ... 151
Question ... 028
Recurrent Neural Network ... 017
ReLU ... 078
RMSProp ... 090
RNN ... 017

S/T/U

save_pretrained()メソッド ... 250
scikit-learn ... 095
Segment Embeddings ... 146
Self-Attention ... 156
Seq2Seq ... 020
Sequentialクラス ... 097
set_format()メソッド ... 198, 243
SGD ... 088
show_continuity()関数 ... 136, 228
skip-gram ... 015
Softmax関数 ... 152
SourceTarget-Attention ... 156
Sports Watch ... 231
SQuAD ... 028, 145
squeeze() ... 070
Stanford Question Answering Dataset ... 030
Stochastic gradient descent ... 088
tanh ... 077
Tensor ... 057, 062
tensor()関数 ... 063
TL ... 174
TLM ... 215
Token Embeddings ... 146
tokenize()関数 ... 195
Tokenizer ... 126, 127
tokenizer classes ... 113, 127
TPU ... 043
train_test_split ... 096
Trainer ... 201
Trainerクラス ... 246
Training Loss ... 205
TrainingArguments ... 200, 201
TrainingArgumentsクラス ... 200, 246
Transfer Learning ... 174
Transformer ... 001, 002, 022, 143, 150
Transformers ... 111, 112, 115, 168, 177, 190, 219
translation language modeling ... 215
Twitter API ... 021
Twitterボット ... 021
Udemyコース ... 021
unsqueeze() ... 070

V/W/X/Y/Z

Validation Loss ... 205
Value ... 151, 155
Wall time ... 047
word2vec ... 014, 015
YouTubeチャンネル「AI教室 AIRS-Lab」 ... 260

あ

アート ... 009
アルゴリズム ... 011
アンサンブル学習 ... 157
囲碁 ... 008
医療 ... 009
インスタンス ... 035, 040
インデックス ... 133, 253
エスマックス ... 231
エポック ... 057, 092
応答文 ... 028
音声アシスタント ... 013
音声データ ... 019
音声認識 ... 009, 012
オンライン学習 ... 093
オンライン講座 ... 260

か

学習 ... 061, 098
学習済みモデル ... 175
学習するパラメータ ... 058
確率的勾配降下法 ... 088
可視化 ... 160
画像解析 ... 008
活性化関数 ... 057, 076, 080
家電チャンネル ... 231
株価 ... 019
感情分析 ... 173, 190
機械学習 ... 008
機械学習用フレームワーク ... 001
機械翻訳 ... 009, 012
逆伝播 ... 060
訓練時の損失 ... 205
訓練済みモデル ... 032
形態素解析 ... 013, 113
ゲーム ... 008
検索エンジン ... 009, 214

検証 061
語彙の保持 113
交差エントロピー誤差 084, 098
恒等関数 079
勾配降下法 086
勾配爆発 019
勾配 086
コードスニペット 049
コードセル 037
誤差 100
コンピュータ 012

さ

再帰 018
再帰型ニューラルネットワーク 017
最適化アルゴリズム 057, 086, 087, 185
産業用機器の状態 019
シグモイド関数 076, 153
市場予測 009
事前学習 028
自然言語処理 012
自然言語処理技術 001
自然言語処理タスク 001
自然言語処理ライブラリ 115
自然言語生成 012
質問文 028
自由研究室 AIRS-Lab 258
出力 009
出力層 016
順伝播 060
人工知能 008
深層学習 001, 008, 010
スクラッチコードセル 049
スパムフィルタ 013
正解率 101
正規化 023, 024, 025, 151
精度 205
セグメント 216
セッション 035, 040
セッションの管理 042
全結合層 124, 152
双方向 029
ソフトマックス関数 080, 098
損失関数 057, 083

た

単語 014
チェス 008
チャットボット 021, 218
中間層 016
ディープラーニング 001, 010
データセット 030, 197, 231, 239
データの前処理 061
テキストセル 053
テキストデータ 218
テキスト分類 215
テキストマイニング 012
テキスト要約 215
転移学習 173, 174
テンソル 131, 152
伝播 009
動画 019
統計値 071
トークナイザー 186, 241
独女通信 231
特徴抽出器 174
トピックニュース 231
ドロップアウト 157, 166

な

内積 155
日本語ニュースの分類 213, 231, 253
ニューラルネットワーク 009, 058, 151
入力 009
入力層 016
ニューロン 009, 157
ネイピア数 076
ネットワーク 011
ノートブック 037
ノートブックファイル 005

は

ハードウェアアクセラレータ 044
バイアス 019, 059
ハイパーパラメータ 060
ハイパボリックタンジェント 077
バックプロパゲーション 010, 011, 018, 059, 188
パッケージ 062
バッチ 057, 092
バッチ学習 093
バッチサイズ 092
パラメータ 011, 019
評価時の損失 205
評価用の関数 199
ファインチューニング 028, 144, 148, 173, 174, 175, 177, 189
フォーマンス 045
プレトレーニング 144
ブロードキャスト 068
分散表現 015
文章 019
文章生成 001
文章のグルーピング 001
文章の分類 121
文章のペア 145
文章分類 009, 012
平均二乗誤差 083
ベクトル 015
ベクトル化 014
ベンチマーク 030
偏微分 086
翻訳 001, 008, 215

ま

前処理 243
マスク 133
マルチヘッド化 157
ミニバッチ学習 093
モデル 241
モデルの訓練 202
モデルの構築 061

ら

ラベル 216
ランプ関数 078
レポジトリ 051
ロボット工学 009

著者プロフィール

我妻 幸長（あづま・ゆきなが）

「ヒトとAIの共生」がミッションの会社、SAI-Lab株式会社の代表取締役。AI関連の教育と研究開発に従事。
東北大学大学院理学研究科修了。理学博士（物理学）。
興味の対象は、人工知能（AI）、複雑系、脳科学、シンギュラリティなど。
世界最大の教育動画プラットフォームUdemyで、様々なAI関連講座を展開し数万人を指導する人気講師。複数の有名企業でAI技術を指導。
エンジニアとして、VR、ゲーム、SNSなどジャンルを問わず様々なアプリを開発。
著書に『はじめてのディープラーニング―Pythonで学ぶ ニューラルネットワークとバックプロパゲーション―』（SBクリエイティブ、2018）、『Pythonで動かして学ぶ！あたらしい数学の教科書 機械学習・深層学習に必要な基礎知識』（翔泳社、2019）、『はじめてのディープラーニング2 Pythonで実装する再帰型ニューラルネットワーク,VAE,GAN』（SBクリエイティブ、2020）など。
著者のYouTubeチャンネルでは、無料の講座が多数公開されている。

- **Twitter**
  @yuky_az

- **SAI-Lab**
  URL　https://sai-lab.co.jp

装丁・本文デザイン　大下 賢一郎
装丁・本文写真　iStock.com/ftotti1984
DTP　株式会社シンクス
校閲協力　佐藤弘文

BERT（バート）実践入門
PyTorch（パイトーチ） + Google Colaboratory（グーグルコラボラトリー）で学ぶあたらしい自然言語処理技術

2023年 7月 20日　初版第1刷発行

著　者　我妻幸長（あづま・ゆきなが）
発行人　佐々木幹夫
発行所　株式会社翔泳社（https://www.shoeisha.co.jp）
印刷・製本　株式会社ワコー

*本書へのお問い合わせについては、iv ページに記載の内容をお読みください。
*落丁・乱丁はお取り替えいたします。03-5362-3705 までご連絡ください。

ISBN978-4-7981-7781-6
Printed in Japan